最初からそう教えてくれればいいのに！

図解！SQLのツボとコツがゼッタイにわかる本

五十嵐 貴之
芳賀 勝紀 著

秀和システム

ダウンロードファイルについて

本書での学習を始める前にサンプルファイル一式を、秀和システムのホームページから本書のサポートページへ移動し、ダウンロードしておいてください。ダウンロードファイルの内容は同梱の「はじめにお読みください.txt」に記載しております。

秀和システムのホームページ

ホームページから本書のサポートページへ移動して、ダウンロードしてください。

URL　https://www.shuwasystem.co.jp/

はじめに

本書は、SQLの超初心者のための書籍です。

書籍のタイトルどおり、どのSQLに関する書籍よりも易しく著しています。本書の特徴として、内容の節目ごとに、

①説明…新たな知識を身につける
②問題…問題を解くことで知識として身についたかを確認する
③解説…解けなかった問題を学習しなおすことで確実に理解する

のサイクルを繰り返します。実際に手を動かしてSQLを実行し、その結果を本書の内容と確認しながら、1つずつていねいに説明しています。

データベース・システムには、さまざまな種類のデータベースがあります。本書では、MySQL、PostgreSQL、Oracle、SQL Serverでの動作検証を行っております。また、第1章にて、MySQLをパソコンにインストールするところから説明していますので、これからSQLの実行環境を整備する方にもおすすめします。

本書は、情報系の専門学校生や大学生、またはこれからIT業界への転職を希望されている、まだパソコンの操作に不慣れな方でも読み進めることができます。

昨今のコロナ不況においても、IT業界はその影響をほとんど受けることなく、人気の高い業種となりました。SQLは、Webページのデザインに関する作業などと比べるとあまり目立たず、システム開発のなかでも裏方作業となる処理ですが、その分、今でも

大変需要が高い技術です。

本書が、あなたが技術者として成功するためのきっかけとなることがあれば、これに越した喜びはありません。

筆者を代表して　五十嵐　貴之

本書の使い方

本書で作成するデータデータベースは、秀和システムのサポートページからダウンロードした「CREATE_DATABASE_サンプル.sql」という名前のファイルで作成できます。

Chapter01-03の「MySQLをインストールしよう」、Chapter01-04の「MySQLの使い方を学ぼう」、Chapter01-05の「テストデータを作ろう」を参考にして、データベースを作成してください。

本書の動作環境

本書は、以下の環境で動作検証を行っておりますが、本書内のデータベースの操作の解説ではMySQLを使用して解説をしています。

MySQL：8.0.23
PostgreSQL：13.2
Oracle Database 18c Express Edition Release 18.0.0.0.0
SQL Server：Microsoft SQL Server Developer 2019

Chapter 01 データベースの基礎知識と環境構築

Chapter 02 データ操作の基本（DML）

Chapter 03 データ定義言語（DDL）とデータ制御言語（DCL）

Chapter 04

実践的なSQLを学ぼう

Chapter 05 応用的なSQLを学ぼう

データベースの基礎知識と環境構築

Chapter 01

データベースに関する基礎知識

そもそも、データベースとは

本書で学習を始めるまえに、まずは基本的な用語について、解説します。SQLは、データベースに対してさまざまな処理を命令するための言語ですが、そもそも、**データベース**とは、何でしょうか？

広義のデータベースは、**関連するデータの集まり**と言えます。たとえば、求人情報誌も広義のデータベースです。

しかし、本書で「データベース」と記載している場合、広義のデータベースではなく、狭義のデータベースを指します。狭義のデータベースとは、**データを管理・保守するための仕組みが備わっているシステム、もしくはそのシステムに格納されているデータの集まり**のことを言います。

データを管理・保守するための仕組みとは、たとえばデータをバックアップしたり、バックアップしたデータを復元したり、複数のユーザーが同時にデータを更新しても矛盾が発生しないようにしたりする仕組みです。

この狭義のデータベースには、さまざまな種類のものがあります。そのなかでも、SQLは、**リレーショナル・データベース**という種類のデータベースのために開発された言語です。リレーショナル・データベースは、データを2次元の表形式で表すことが特徴で、

Microsoft ExcelやGoogle スプレッドシートを想像すると理解しやすいでしょう。

広義のデータベースと狭義のデータベース

広義のデータベース	関連するデータの集まり
狭義のデータベース	データを管理・保守するための仕組みが備わっているシステム、もしくはそのシステムに格納されているデータの集まり

リレーショナル・データベースとSQL

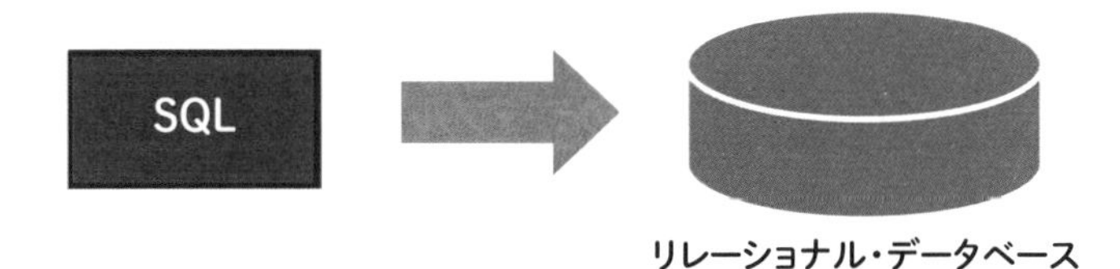

SQLは、リレーショナル・データベースとの対話のために開発された言語

リレーショナル・データベースは2次元表でデータを表す

Title 1	Title 2	Title 3
Value 1	Value 2	Value 3
Value 4	Value 5	Value 6
Value 7	Value 8	Value 9
Value 10	Value 11	Value 12

Microsoft ExcelやGoogle スプレッドシートと同じような表形式でデータを表す

テーブルとは

前項では、リレーショナル・データベースでは、データを2次元の表で表すことを説明しましたが、この2次元の表のことを、リレーショナル・データベースでは**テーブル**といいます。

データベースには、複数のテーブルを作成することができます。Microsoft ExcelやGoogle スプレッドシートは、1つのファイルに複数のシートを作成することができるため、ファイルが「データベース」、シートが「テーブル」と、置き換えて考えるとわかりやすいかと思います。

データベースには複数のテーブルを作成できる！

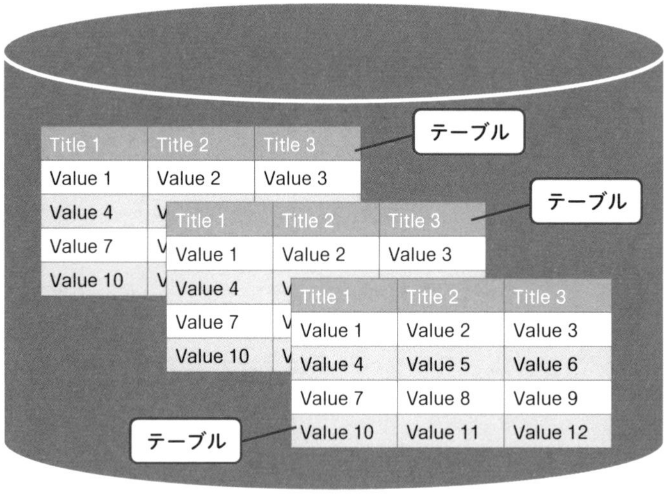

テーブル

Title 1	Title 2	Title 3
Value 1	Value 2	Value 3

テーブル

Title 1	Title 2	Title 3
Value 1	Value 2	Value 3

Title 1	Title 2	Title 3
Value 1	Value 2	Value 3
Value 4	Value 5	Value 6
Value 7	Value 8	Value 9
Value 10	Value 11	Value 12

テーブル

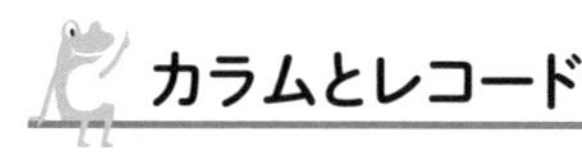

カラムとレコード

テーブルでは、Microsoft ExcelやGoogleスプレッドシートの「列」に該当するものを**カラム**（もしくは**フィールド**）と言い、「行」に該当するものを**レコード**といいます。

カラムとレコード

家計簿テーブル

No	日付	項目	品名	金額
1	2021/3/27	食費	大根	100
2	2021/3/27	食費	豚バラ肉	300
3	2021/3/27	日用品	ティッシュ	230
4	2021/3/28	娯楽費	雑誌	700
5	2021/3/28	おやつ	ドーナツ	120

行のことを「レコード」と言うよ

列のことを「カラム」と言うよ

また、テーブルの特徴として、上の図を見ていただければわかるように、カラムが1つ、かつレコードが1つ決まれば、1つの値を求めることができます。上の図を例にすると、カラムが「品名」で、かつレコードが2番目の値は、「豚バラ肉」となります。

Column

Microsoft ExcelやCSVファイルにもSQLが実行可能！？

Microsoft Excelにて、ファイルをデータベースに、シートをテーブルに置き換えるとわかりやすいと前述しましたが、実は、Microsoft Excelファイルに対してもSQLを実行することができます。それは、「ODBC」(Open Database Connectivity)というWindowsパソコンの標準機能で実現可能です。ODBCを利用することで、CSVファイルにもSQLを実行することが可能となります。

Chapter 01

データ型について

データ型とは

テーブルには、どんなデータでも格納できるわけではありません。たとえば、次の「メニュー」テーブルに対し、「値段」や「残数」のカラムに文字データや日付データを格納されないようにすべきです。

数値データのカラム

「メニュー」テーブル

メニュー名	値段	残数
ハンバーグ	600	10
オムライス	800	8
スープ	300	15

数値以外は格納できない方がよい

このように、カラムごとに指定可能な格納できるデータの種類のことを、**データ型**といいます。

データ型は、大きく分けて次の3つの種類があります。

データ型とその説明

データ型	説明
文字列型	文字列データを表すデータ型
数値型	数値データを表すデータ型
日付型	日付データを表すデータ型

テーブルのカラムごとに設定するデータ型は、テーブル作成時、およびテーブル構造変更時に指定します（160ページ参照）。

文字列型とは

文字列型のデータ型は、文字列データを表すためのデータ型です。

ひとくちに文字列型といっても、さまざまな種類があります。文字列型の種類としては、大きく分けて、次の2種類があります。

文字列型の種類とその内容

種類	内容
固定長文字列	登録できるデータのサイズが固定
可変長文字列	登録できるデータのサイズが可変

固定長文字列は、登録できるデータのサイズが固定されています。そのため、固定長文字列のサイズが10文字まで格納可能なカラムであれば、そのカラムは、必ず10文字の文字列が格納されます。10文字に満たない文字列は、文字列の後方に10文字になるまで空白が埋められます。

可変長文字列は、登録できるデータのサイズが可変です。そのため、可変長文字列のサイズが10文字まで格納可能なカラムであれば、そのカラムは10文字までの文字列が格納されます。10文字に満たない文字列でも、文字列の後方に空白が埋められることはありません。

可変長文字列のカラムに格納されているデータの文字列の長さは、格納されている文字数と同じです。つまり、可変長文字列のサイズが10文字のカラムであっても、格納されているデータの文字数が2文字の場合、文字列の長さは「2」となります。

MySQLで利用可能な文字列に関するデータ型は、次のとおりです。

MySQLで利用可能な文字列に関するデータ型

データ型	タイプ	サイズ
CHAR	固定長文字列型	255バイト
VARCHAR	可変長文字列型	255バイト
TINYTEXT	可変長バイナリデータ	255バイト
TINYBLOB	可変長バイナリデータ	255バイト
TEXT	可変長バイナリデータ	65535バイト
BLOB	可変長バイナリデータ	65535バイト
MEDIUMTEXT	可変長バイナリデータ	16777215バイト
MEDIUMBLOB	可変長バイナリデータ	16777215バイト
LONGTEXT	可変長バイナリデータ	4294967295バイト
LONGBLOB	可変長バイナリデータ	4294967295バイト
ENUM	リスト型	65535個
SET	リスト型	64個

この表を見ると、たとえばデータ型が「CHAR」型のカラムの場合、255バイトまでの固定長の文字列データを格納することができます。

この表では、「固定長文字列型」と「可変長文字列型」、「可変長バイナリデータ」と「リスト型」の3つがあります。

「固定長文字列型」と「可変長文字列型」は、文字列のサイズを指定してデータ型を指定します。たとえば、CHAR(10)などと指定した場合、そのデータ型には、固定長文字列を10文字格納することができます。

「バイナリデータ」は、文字列のサイズを指定しません。「固定長文字列型」や「可変長文字列型」では扱いきれないような大きな文字数を扱う文字データの場合に使用します。

「リスト型」は、文字列を配列として扱うデータ型です。つまり、複数の文字データを1つのカラムで扱うことができますが、利用頻度は低いでしょう。

数値型とは

MySQLの数値型は、SINGEDオプションとUNSIGENDオプションのいずれかを指定できます。

SINGEDオプションを指定した場合、数値は負数（マイナスの数値）を扱うことができます。UNSIGNEDオプションを指定した場合、数値は負数を扱うことができません。いずれのオプションも指定しなかった場合、SINGEDオプションが適用されます。

UNSIGNEDオプションは、SIGNEDオプションを指定した場合に取り扱い可能な正数の2倍の数の数値を扱うことができます。

MySQLで扱うことができる数値のデータ型

データ型	SIGNED	UNSIGNED
TINYINT	-128 ～ 127	0 ～ 255
BIT	TINYINT(1) の別名	TINYINT(1) の別名
BOOL	TINYINT(1) の別名	TINYINT(1) の別名
BOOLEAN	TINYINT(1) の別名	TINYINT(1) の別名
SMALLINT	-32768 ～ 32767	0 ～ 65535
MEDIUMINT	-8388608 ～ 8388607	0 ～ 16777215
INT	-2147483648 ～ 2147483647	0 ～ 4294967295
INTEGER	INT の別名	INT の別名
BIGINT	-9223372036854775808 ～ 9223372036854775807	0 ～ 18446744073709551615
FLOAT	単精度浮動小数点	単精度浮動小数点（負数を除く）
DOUBLE	倍精度浮動小数点	倍精度浮動小数点（負数を除く）
REAL	DOUBLE の別名	DOUBLE の別名
DECIMAL	桁数と少数桁数を指定できる数値型	桁数と少数桁数を指定できる数値型（負数を除く）
DEC	DECIMAL の別名	DECIMAL の別名
NUMERIC	DECIMAL の別名	DECIMAL の別名
FIXED	DECIMAL の別名	DECIMAL の別名

日付型とは

MySQLで日付関連を取り扱うデータ型としては、ほかのデータベースシステムでも一般的な日付型のほかに、TIME型とYEAR型があります。

MySQLで扱うことができる日付のデータ型

データ型	タイプ	形式	範囲
DATE	日付型	YYYY-MM-DD	1000-01-01 ～ 9999-12-31
DATETIME	日付型	YYYY-MM-DD HH:MM:SS	1000-01-01 00:00:00 ～ 9999-12-31 23:59:59
TIMESTAMP	日付型	YYYY-MM-DD HH:MM:SS	1970-01-01 00:00:01 ～ 2038-01-19 03:14:07
TIME	TIME型	HH:MM:SS	-838:59:59 ～ 838:59:59
YEAR	YEAR型	YYYY もしくは YY	YYYYのとき1901 ～ 2155 YYのとき70 ～ 69(1970 または 2070 ～ 2069)

DATE型は、日付部分を含むが時間部分は含まない値に使用します。MySQLは、'YYYY-MM-DD'形式で表します。DATETIME型とTIMESTAMP型は、日付と時間の両方の部分を含む値に使用します。MySQLは、'YYYY-MM-DD HH:MM:SS'形式で表します。DATETIME型とTIMESTAMP型の違いは、これらのデータ型のカラムに対し、値を指定せずにデータを追加した場合や、次の項にて説明する、NULLを指定してデータを追加した場合などに違いがあります。DATETIME型の場合、値を指定せずにデータを追加すると、該当カラムはNULLとなります。

TIMESTAMP型の場合、値を指定せずにデータを追加すると、該当カラムの値は'0000-00-00 00:00:00'となります。

MySQLのTIME型は、時刻を表示するときに使用します。TIME型は、'HH:MM:SS'形式(時間の部分の値が大きい場合は'HHH:MM:SS'形式)で時刻を表示します。2つの時間における差を表示するときなどにも使うため、負数を扱うことも可能です。

NULLについて

NULL（「ヌル」や「ナル」と読みます）とは、値がない状態のことを指します。値がない状態とは、値が決まっていない場合や値がわからない場合などが該当します。

たとえば、次の社員テーブルを見てください。社員テーブルには、「役職コード」というカラムがあり、この「役職コード」は、役職テーブルの「役職コード」と紐づけることで、どの社員がどの役職に就いているかがわかります。

データがNULLの状態

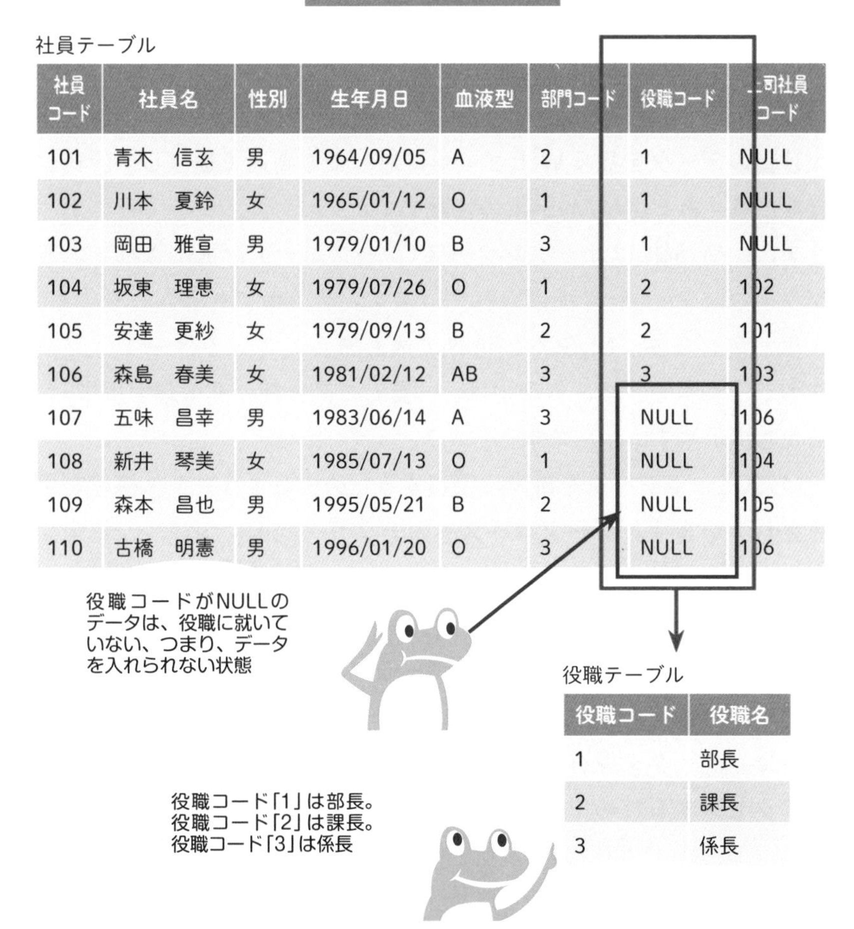

社員テーブル

社員コード	社員名	性別	生年月日	血液型	部門コード	役職コード	上司社員コード
101	青木　信玄	男	1964/09/05	A	2	1	NULL
102	川本　夏鈴	女	1965/01/12	O	1	1	NULL
103	岡田　雅宣	男	1979/01/10	B	3	1	NULL
104	坂東　理恵	女	1979/07/26	O	1	2	102
105	安達　更紗	女	1979/09/13	B	2	2	101
106	森島　春美	女	1981/02/12	AB	3	3	103
107	五味　昌幸	男	1983/06/14	A	3	NULL	106
108	新井　琴美	女	1985/07/13	O	1	NULL	104
109	森本　昌也	男	1995/05/21	B	2	NULL	105
110	古橋　明憲	男	1996/01/20	O	3	NULL	106

役職テーブル

役職コード	役職名
1	部長
2	課長
3	係長

Chapter 01

MySQLをインストールしよう

MySQLとは

MySQLはリレーショナル・データベースの一種です。Facebook、Google、Twitterなどの、有名かつユーザー数が多いWebサイトが、MySQLを利用してアプリケーションを運営しています。このような大容量のデータを扱うWebサイトに対しても高速で動作し、便利な機能が多くある点がMySQLの特徴です。

また、MySQLはオープンソース（ソースコードが提供されているソフトウェア）として提供されています。初心者でも導入しやすく、人気が高いです。MySQLが世界で最も普及しているオープンソースのデータベースである理由は、一貫して高性能、高信頼を提供し、しかも扱いやすいからです。

MySQLにはデータを確実に保護するためのセキュリティ機能が用意されています。データベースへのアクセス制御について、安全なネットワーク接続を保証するセキュリティ技術をサポートしています。

MySQLはクライアント・サーバーモデルを採用しています。クライアントは、データを利用するユーザーのコンピューターで、サーバーは、データを保存・管理するコンピューターです。このデータにアクセスするためには、クライアントがリクエスト（要求）する必要があります。その際にクライアントはSQLを使用して、必要とするデータの要求をデータベースサーバーに送信します。

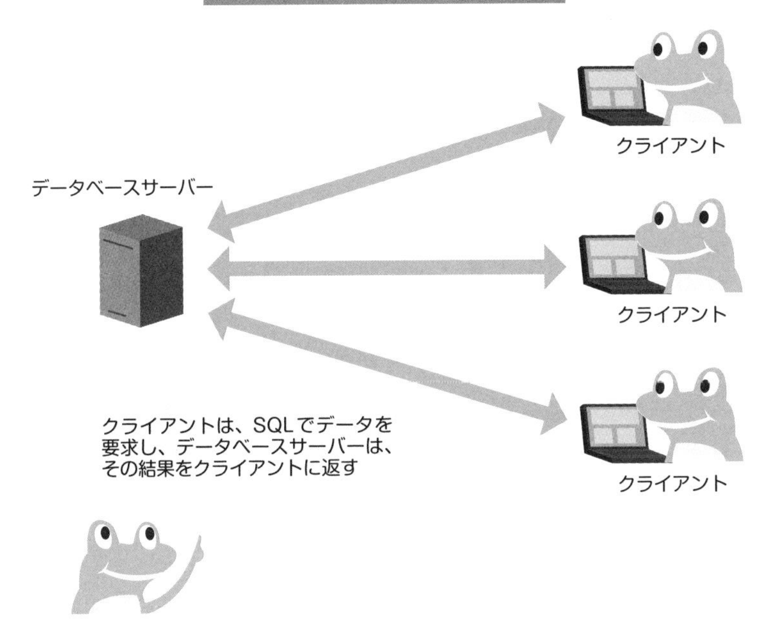

MySQLには、データの一貫性を保つために一連の処理が完了するまでデータを変更しないようにできる「トランザクション」という機能が実装されています。これにより、もし作業中にトラブルが起きたとしても、トランザクション機能により一連の処理をすべて破棄してデータに矛盾が発生しないようにすることができます。

トランザクションについては、「Chapter03　データ定義言語(DDL)とデータ制御言語(DCL)」の「データ制御言語(DCL)とは」(188ページ)にて、詳しく説明します。

MySQLをダウンロードしよう

それでは、MySQLをインストールして、SQLを実行するための環境を構築してみましょう。MySQLをインストールするには、MySQLの公式サイトからMySQLのインストーラをダウンロードします。本書執筆時点（2021年4月現在）では、バージョン8が最新です。

MySQL Community Downloads
　https://dev.mysql.com/downloads/mysql/

< Windowsの場合 >

ご利用のパソコンが、Windows OSの場合のダウンロード方法について、説明します。上記URLにアクセスし、「Select Operating System」で「Microsoft Windows」が選択されていることを確認し「Go to Download Page」をクリックします。

MySQLのダウンロードページ（Windows）

インストーラをダウンロードする「Download」ボタンが2つありますが、上のインストーラと下のインストーラの違いは、インストーラのファイルサイズです。

上のインストーラ（ファイルサイズ2.4M）はインストーラを起動した際に、ファイルをWebからダウンロードしてからインストールを行います。下のインストーラ（422.4M）はインストールに必要なファイルがインストーラに含まれているため、インストール中にファイルのダウンロードは発生しません。そのため、下のインストーラは、インターネット接続環境でない場合でもインストールが可能です。

本書では、インストール時にインターネット接続が不要な下のインストーラを使用します。

インストーラーをダウンロード

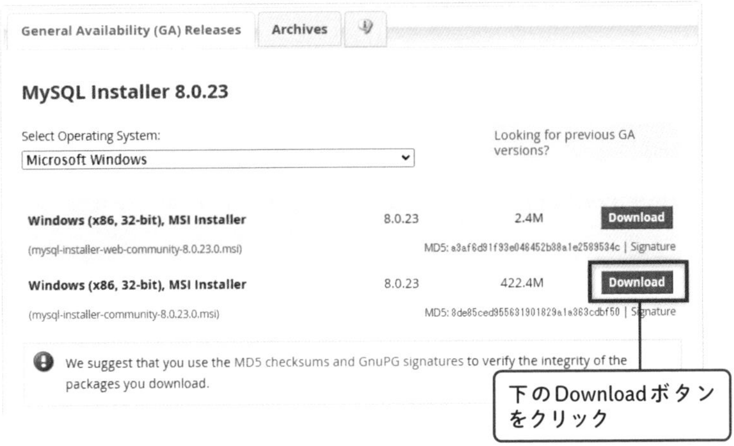
General Availability (GA) Releases
Archives
MySQL Installer 8.0.23
Select Operating System:
Microsoft Windows
Looking for previous GA versions?
Windows (x86, 32-bit), MSI Installer
8.0.23
2.4M
Download
(mysql-installer-web-community-8.0.23.0.msi)
MD5: a3af6d91f93e046452b38a1e2589534c | Signature
Windows (x86, 32-bit), MSI Installer
8.0.23
422.4M
Download
(mysql-installer-community-8.0.23.0.msi)
MD5: 8de85ced955631901829a1a363cdbf50 | Signature
We suggest that you use the MD5 checksums and GnuPG signatures to verify the integrity of the packages you download.
下のDownloadボタンをクリック

「Download」ボタンをクリックすると、Oracle社のWebアカウントでのログインを促されます。Oracle社は、データベース・システムであるOracleの開発元の会社です。ここでは、「No thanks, just start my download」をクリックします。

Login や Sign up はせず、すぐにダウンロード

< Macの場合 >

ご利用のパソコンが、macOSの場合のダウンロード方法について、説明します。26ページの記載したURLにアクセスし、「Select Operating System」で「macOS」を選択し、インストーラをダウンロードします。

MySQLのダウンロードページ（Mac）

選択肢として選ぶことができるOSがWindowsとmacOS以外にもあることからわかるように、MySQLは多種多様なOSにおいて対応しているソフトウェアとなっています。これを、**マルチプラットフォーム対応**といいます。

MySQLのインストーラを実行しよう

前項でダウンロードしたインストーラを実行し、お使いのパソコンにMySQLをインストールしてみましょう。前項でダウンロードしたインストーラは、次のようなアイコンのファイルです。

MySQLのインストーラーのアイコン

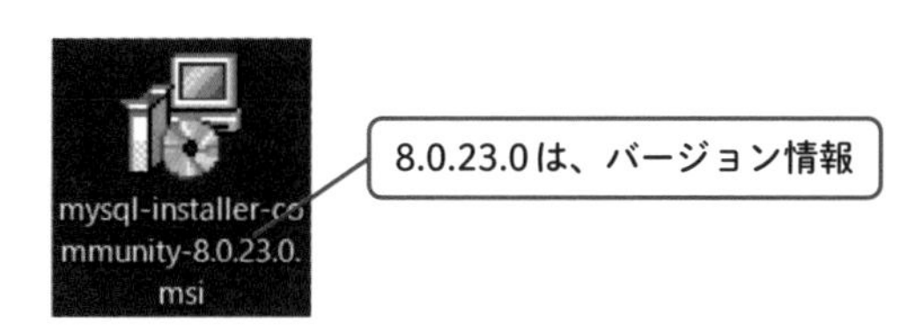

本書では、「mysql-installer-community-8.0.23.0.msi」というファイル名ですが、数値の部分、「8.0.23.0」は、バージョン情報を表しています。そのため、インストーラをダウンロードした日付によっては、これ以外の数値となっており、インストールの手順も変わる可能性がありますので、ご了承ください。

さて、インストーラを実行すると、最初に次のような画面が起動します。セットアップする種類を選択する画面です。

MySQLサーバーをインストール

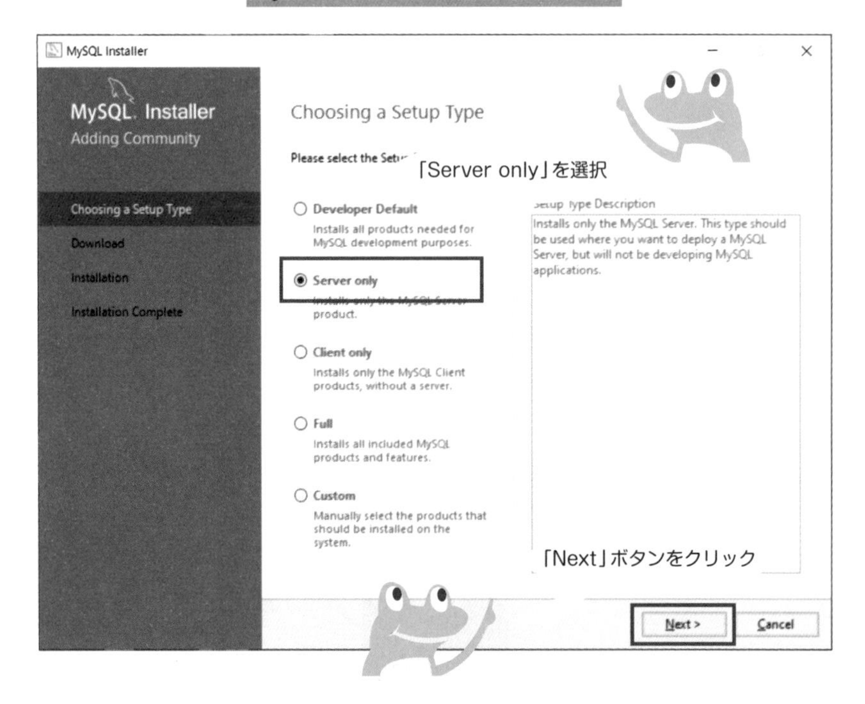

「Server only」(サーバーのみ)を選択し、「Next」ボタンをクリックします。

続いて、MySQLのインストール先のフォルダを指定する画面が表示されます。初期表示されたインストール先フォルダに問題なければ、そのままの状態で「Next」ボタンをクリックします。

インストール先を指定

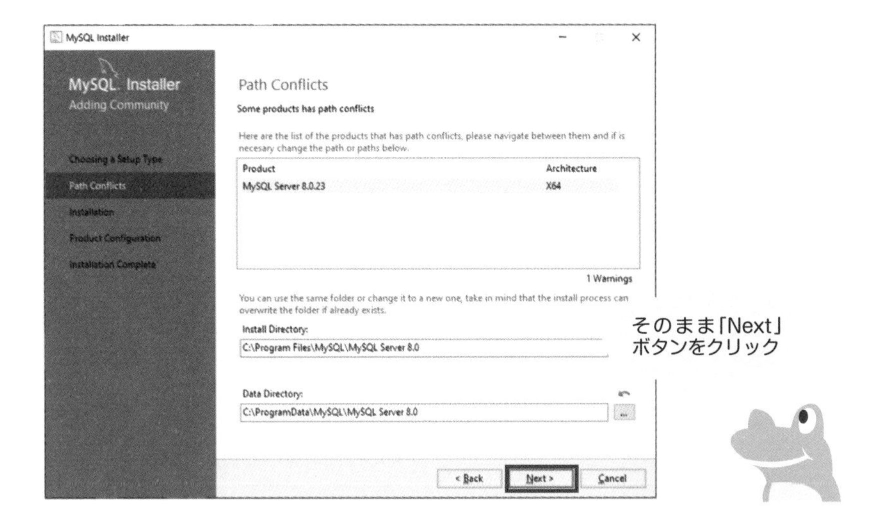

インストール前の確認画面です。「Execute」をクリックします。

インストール前の確認

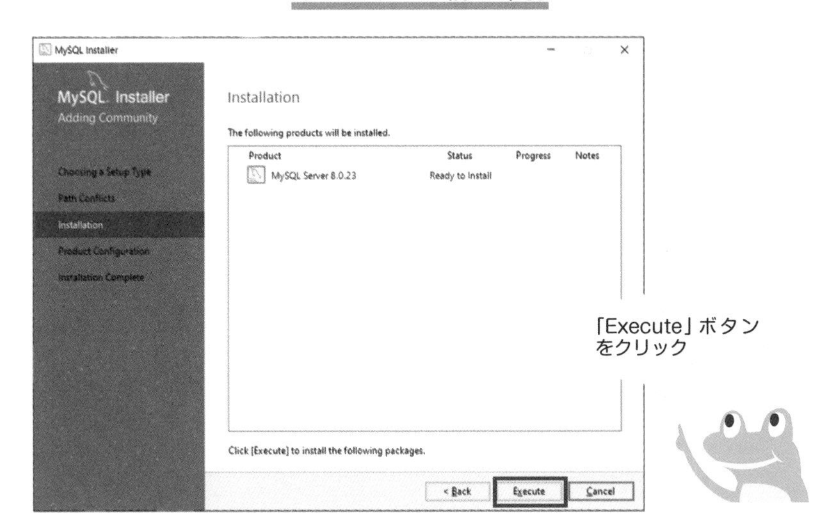

しばらく待って「Complete」と表示されれば、MySQLサーバーのインストールは完了です。「Next」ボタンをクリックします。

インストール完了

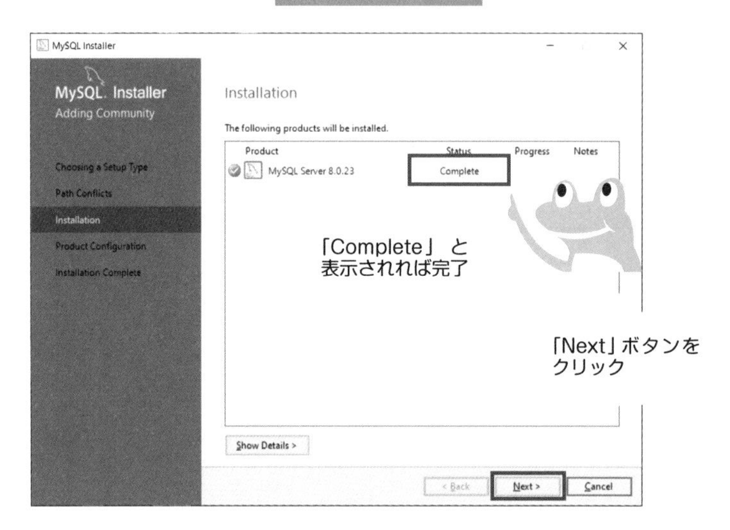

続いて、サーバーの設定を行います。次の画面が表示されますので、「Next」ボタンをクリックします。

サーバーを設定する

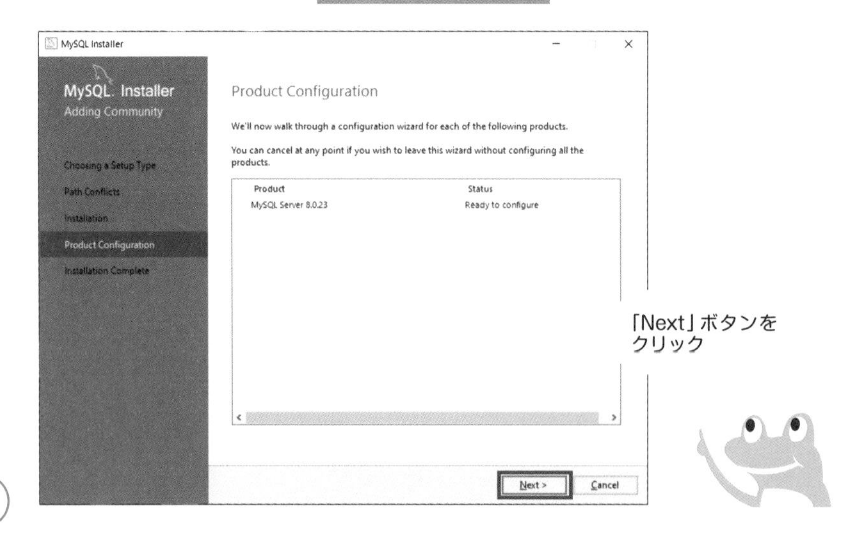

　サーバーのネットワーク設定を行う画面が表示されます。初期表示された状態のまま、「Next」ボタンをクリックします。

ネットワークの設定

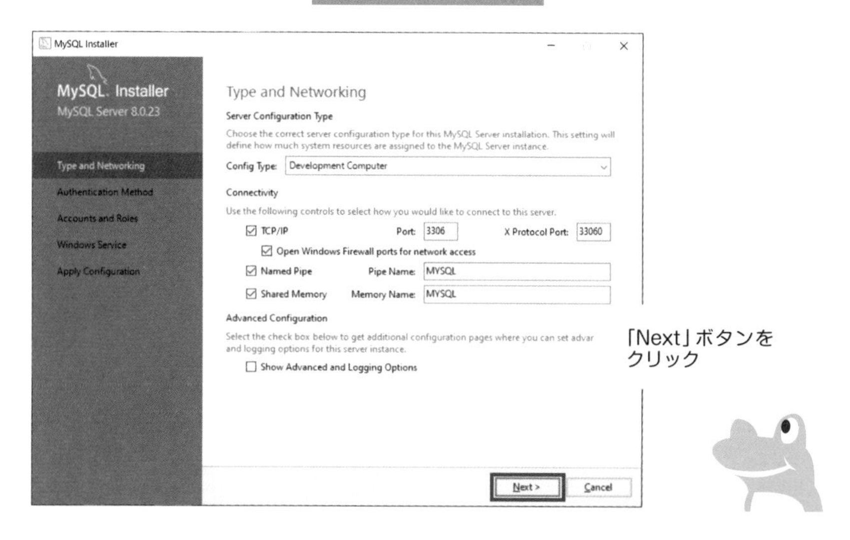

　続いて、認証方法を選択する画面が表示されます。これも初期表示された状態のまま、「Next」ボタンをクリックします。

認証の設定

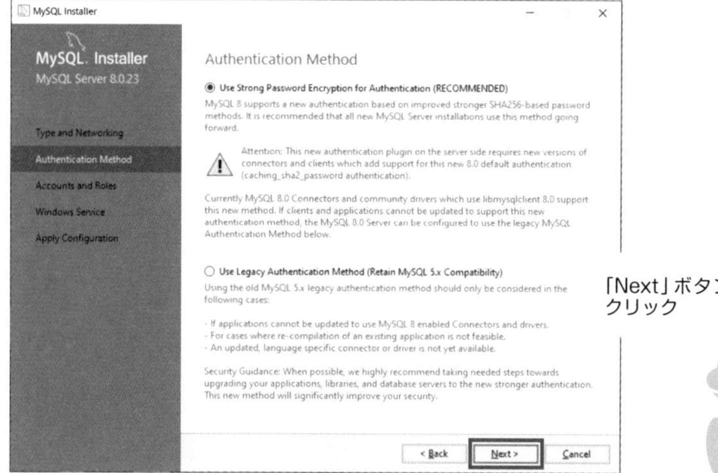

パスワード設定の画面が表示されます。このパスワードは、MySQLにログインする時に使用するためのパスワードです。任意のパスワードを入力したら、「Check」ボタンをクリックします。続いて、「Next」ボタンをクリックします。

パスワードを設定

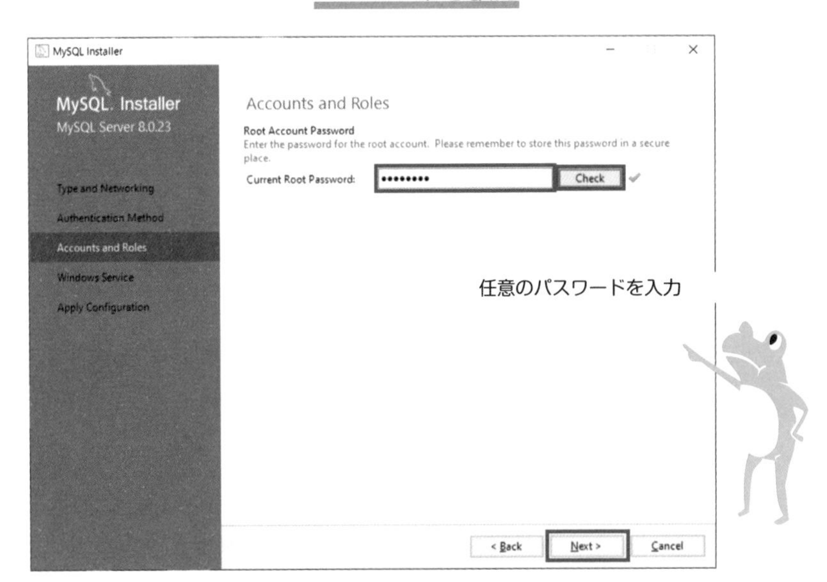

Windowsサービスへの設定画面が表示されます。初期表示された状態のまま、「Next」ボタンをクリックします。

Windowsサービスの設定

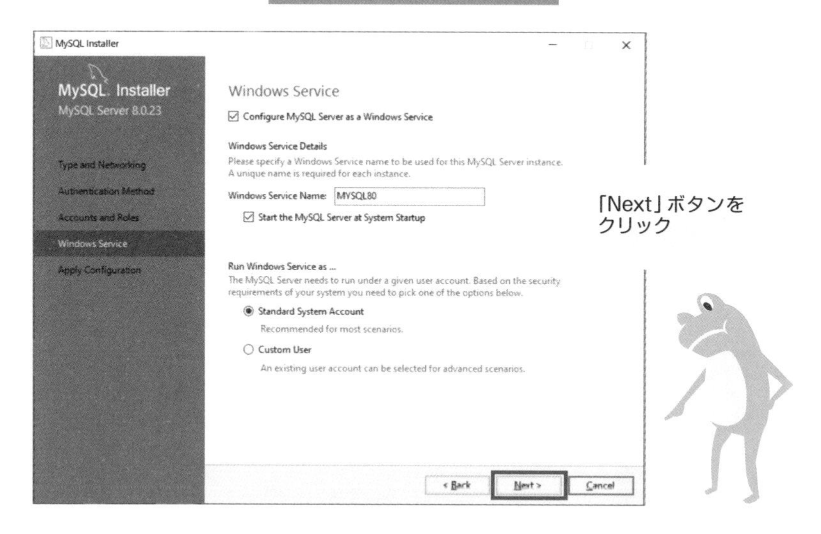

設定を確定するまえの確認画面が表示されます。「Execute」ボタンをクリックし、設定を確定します。

設定を保存する前の確認

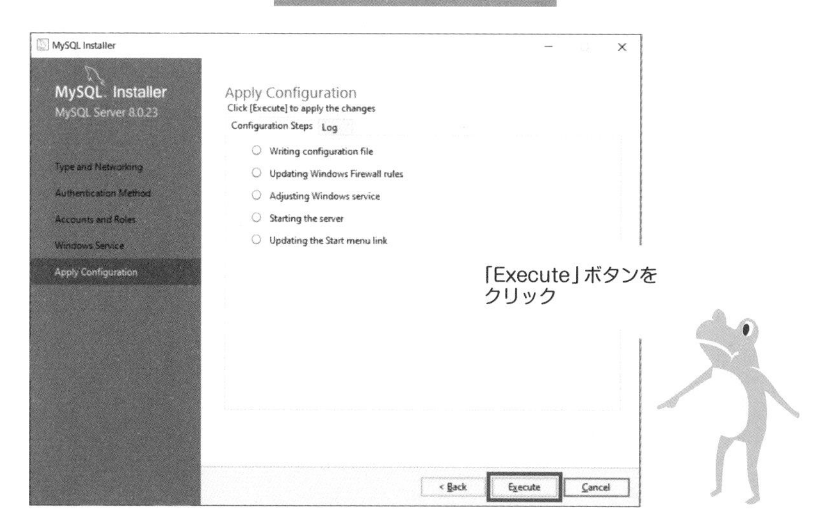

以下の画面が表示され、設定が保存されました。「Finish」ボタンをクリックします。

設定が保存された

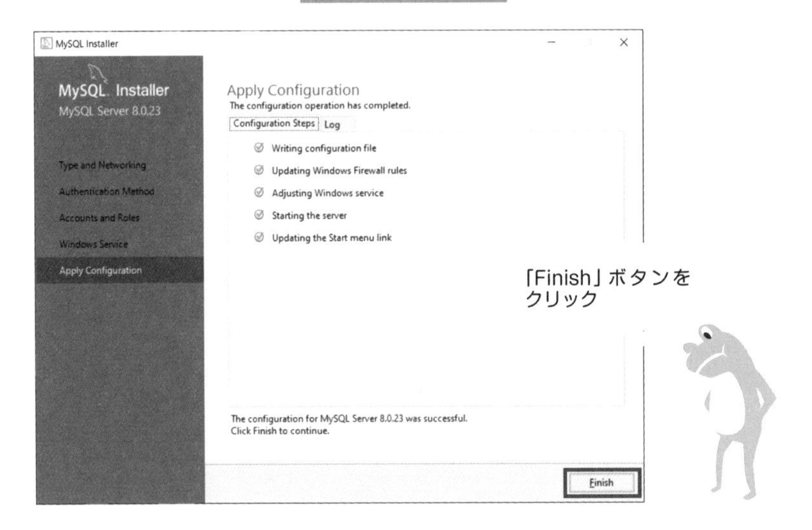

これで、インストールは完了しました。インストールした製品の情報が表示されます。「Next」ボタンをクリックします。

インストールした製品の情報

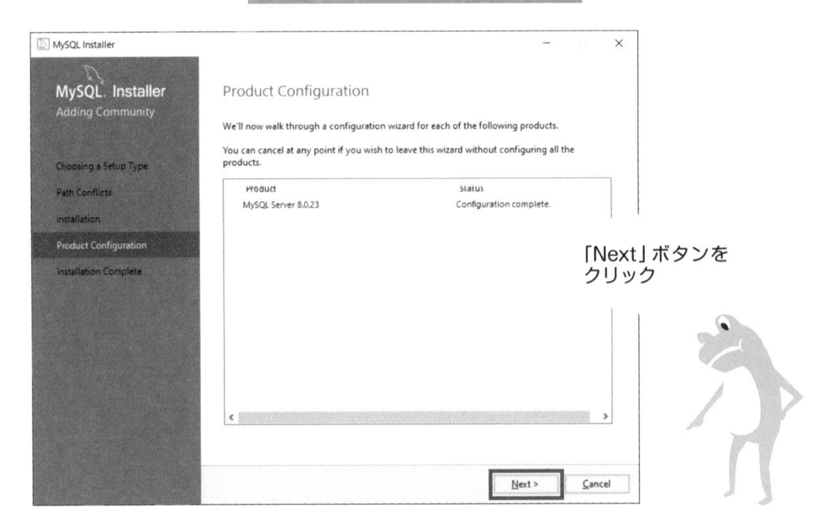

次の画面が表示されますので、「Finish」ボタンをクリックし、画面を閉じてください。

インストール完了

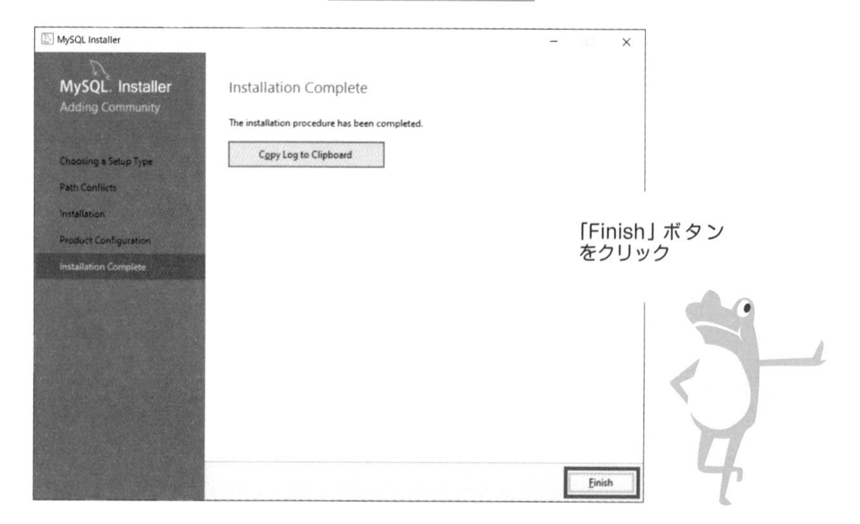

Chapter 01

MySQLの使い方を学ぼう

MySQLを起動する

前節にてMySQLのインストールが終わっていれば、さっそくMySQLを起動してみましょう。

スタートメニューを選択し、「MySQL」フォルダから「MySQL 8.0 Command Line Client」をクリックしてください。

MySQLを起動しよう

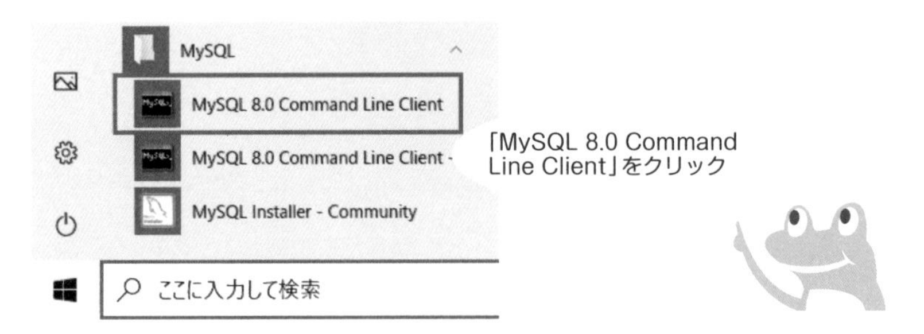

「MySQL」フォルダのなかには、3つのメニューがありますが、それぞれ、次のような機能があります。

MySQLのメニュー

MySQL 8.0 Command Line Client	MySQLをコマンドラインで起動します。
MySQL 8.0 Command Line Client - Unicode	MySQLをコマンドラインで起動します。Unicode専用
MySQL Installer - Community	MySQLのインストーラを起動します。

「MySQL 8.0 Command Line Client」をクリックすると、次のような画面が起動します。

MySQLの画面

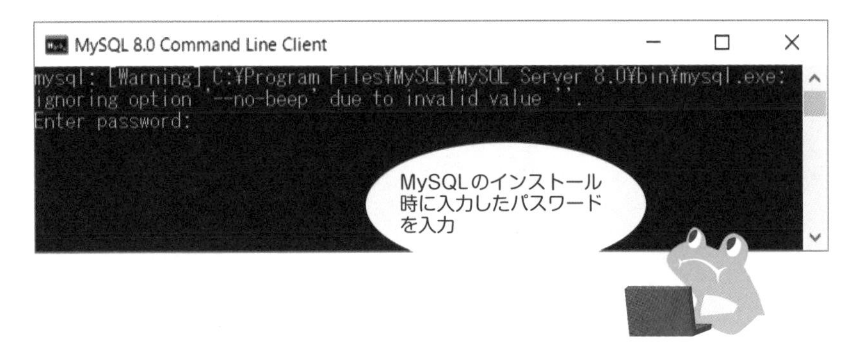

「Enter password:」の後ろにカーソルがあり、パスワードの入力が促されます。MySQLのインストール時に入力したパスワードをここに入力し、Enterキーを押下します。

パスワードを入力

次の画面のように、プロンプト(赤丸部分)が「mysql>」となっていれば、ログイン成功です。

パスワードが正しかった場合

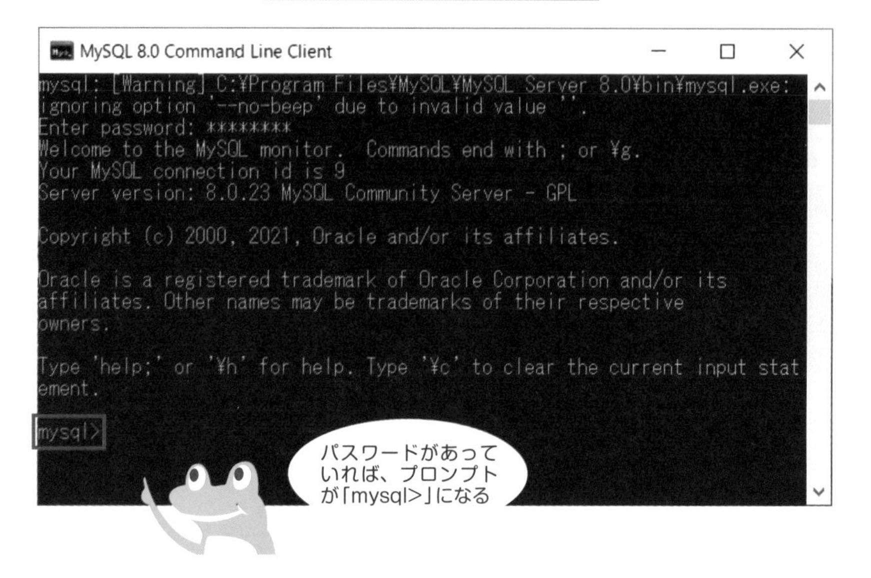

「MySQL 8.0 Command Line Client - Unicode」について

「MySQL 8.0 Command Line Client - Unicode」を起動した場合も、「MySQL 8.0 Command Line Client」と同じ画面が表示されます。「MySQL 8.0 Command Line Client - Unicode」は、起動直後の文字コードをUnicodeとして認識するほかは、「MySQL 8.0 Command Line Client」と違いはありません。

文字コードとは

「MySQL 8.0 Command Line Client - Unicode」 は、「MySQL 8.0 Command Line Client」とは初回起動時の文字コードの違いだけであることは、前ページにて説明しました。

さて、文字コードとは、いったい何でしょうか？　**文字コード**とは、人が取り扱う「文字」を、コンピューターが取り扱う「数値」に変換するための「変換表」のことをいいます。

コンピューターの内部では、数値（しかも、0か1）しか扱うことができません。そのため、文字を数値に変換する必要があります。その変換の際に用いるのが、文字コード、すなわち文字を数値に変換するための変換表なのです。

ところが、この変換表、さまざまな規格が存在します。そのうちの1つが、「Unicode」（ユニコード）です。Unicodeのほかには、日本語表記の標準規約である「JIS」（ジス）、アメリカ規格協会（ANSI）が制定した「ASCII」（アスキー）、UNIXというオペレーティング・システムで利用されるようになった「EUC」（イーユーシー）などがあります。

コンピューターがいったん文字コードに則って文字を数値に変換したあと、別の文字コードを用いて文字に戻そうとした場合、もとの文字に戻すことができず、でたらめな文字が表示されてしまいます。これを、**文字化け**といいます。

もし文字化けが発生した場合は、文字をコンピューターに記憶させたときの文字コードと、その記憶させた文字を表示する際の文字コードが一致しているか、確認してみましょう。

ちなみに、現在もっとも利用されている文字コードが、Unicodeです。Unicodeは、こういった文字化けの発生を解消するために、ユニコード・コンソーシアムにより制定された文字コードです。

MySQLの基本的な使い方

前項では、MySQLを起動してパスワードを入力し、プロンプトが「mysql>」にするところまで説明しました。画面は、次のようになっているかと思います。

SQLの入力を開始する

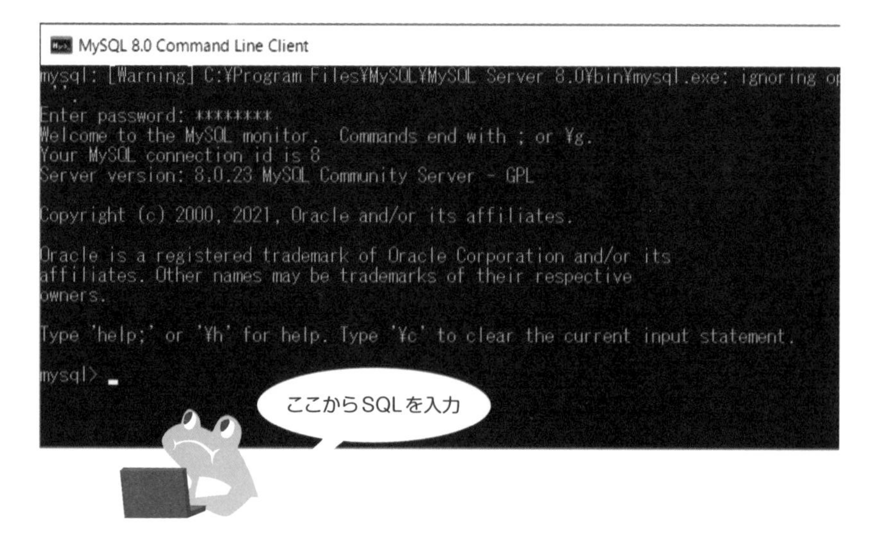

この「mysql>」のプロンプトの後ろにSQLを入力します。試しに、データベースの一覧を表示するSQLコマンドを実行してみましょう。

「mysql>」の後ろに続けて、次のように入力してみてください。

```
SHOW DATABASES; Enter
```

SQLは、大文字と小文字を区別しないので、次のように小文字で入力しても構いません。

```
show databases; Enter
```

データベース一覧を表示するコマンド

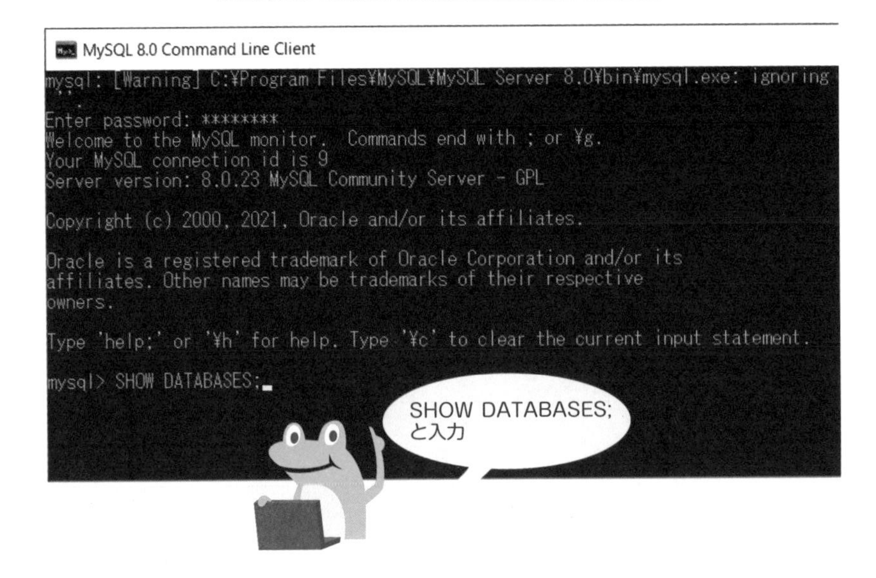

上の画面のようになっているのを確認したら、Enterキーを押下します。すると、次のような結果となります。

データベース一覧が表示された

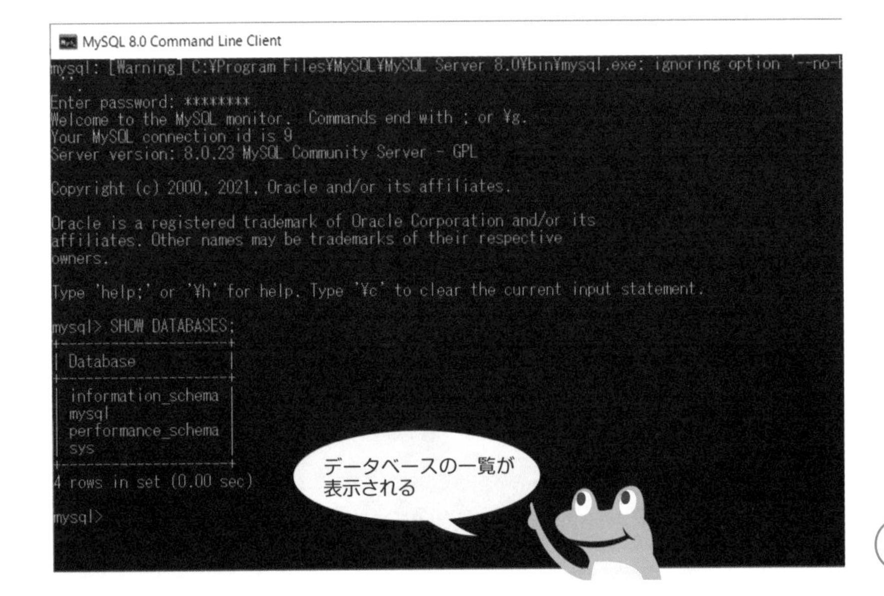

上の画像のような結果にならなかった場合は、SQLコマンドの後ろに、「;」(セミコロン)を入力するのを忘れないようにしてください。この「;」は、SQL文がここで完結したことを示します。「;」を付け忘れると、次のようになります。

「;」を付け忘れるとこうなる

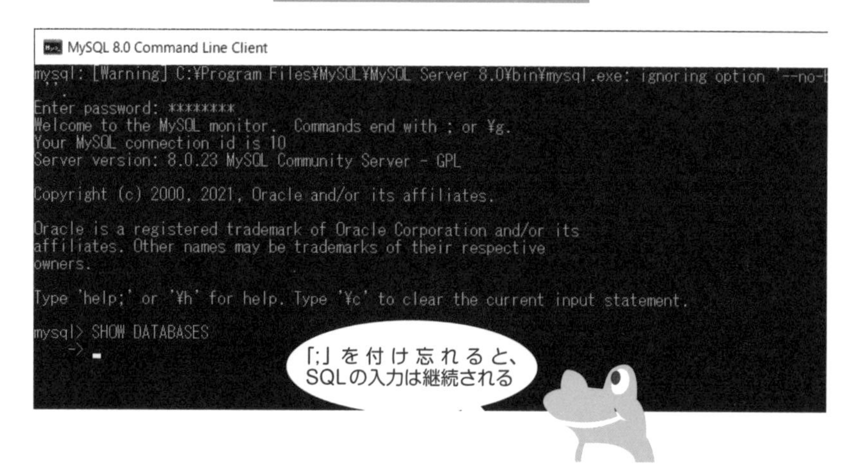

この状態は、SQLの入力を継続している状態です。もしこのような状態になった場合は、「;」のみを入力し、Enterキーを押下します。

「;」を付け忘れても、次の行で入力してEnter

これで、次のような結果を得ることができました。

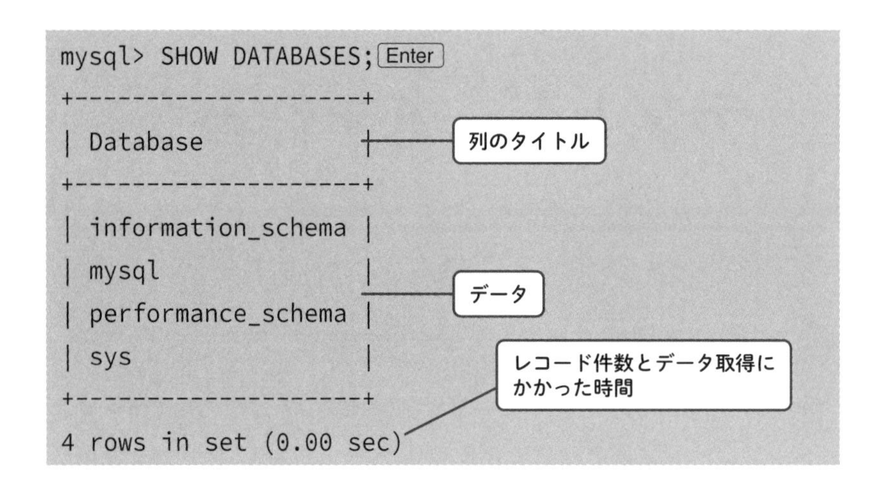

これは、MySQLをインストールした直後に存在するデータベースの一覧です。ご覧のように「+」や「-」、「|」の記号で表を表現しています。

1行目の「Database」が列名で、「-」で区切られた下の部分が、MySQLに存在するデータベースを示しています。

また、表の下にある「4 rows in set (0.00 sec)」の表記は、SQLの実行結果が4レコード存在し、データの取得にかかった時間が0.00秒だったことを示しています。

ちなみに、このSHOW DATABASESコマンドは、MySQL独自のものです。他のデータベース・システムでは使えませんので、注意してください。

Chapter 01

テストデータを作ろう

本書で使用するテストデータについて

本書で使用するサンプルデータは、秀和システムのWebページよりダウンロードすることができます(2ページ参照)。ダウンロードしたファイルは、ZIP形式で圧縮されています。

以降、本書に掲載しているSQLは、このWebページからダウンロードしたサンプルデータを使用していますが、一部、読者自身が作成の練習をするため、説明のためのテーブルについてはデータがないものがあります。

ダウンロード可能なサンプルデータの内容とテーブルの構造を、以下に掲載します。

メニューテーブル

メニューテーブル

メニュー名	値段	残数
ハンバーグ	600	10
オムライス	800	8
スープ	300	15

メニューテーブルの構造

カラム名	データ型	制約
ハンバーグ	VARCHAR(20)	
オムライス	INT	
スープ	INT	

売上テーブル

売上テーブル

日付	メニュー名	数量	売上金額
2021/3/28	スープ	3	900
2021/3/29	オムライス	2	1600
2021/3/30	スープ	2	600

売上テーブルの構造

カラム名	データ型	制約
日付	DATE	
メニュー名	VARCHAR(100)	
数量	INT	
売上金額	INT	

家計簿テーブル

家計簿テーブル

No	日付	項目	品名	金額
1	2021/3/27	食費	大根	100
2	2021/3/27	食費	豚バラ肉	300
3	2021/3/27	日用品	ティッシュ	230
4	2021/3/28	娯楽費	雑誌	700
5	2021/3/28	おやつ	ドーナツ	120

家計簿テーブルの構造

カラム名	データ型	制約
No	INT	主キー
日付	DATE	
項目	VARCHAR(100)	
品名	VARCHAR(100)	
金額	INT	

社員テーブル

社員テーブル

社員コード	社員名	性別	生年月日	血液型	部門コード	役職コード	上司社員コード
101	青木　信玄	男	1964/09/05	A	2	1	NULL
102	川本　夏鈴	女	1965/01/12	O	1	1	NULL
103	岡田　雅宣	男	1979/01/10	B	3	1	NULL
104	坂東　理恵	女	1979/07/26	O	1	2	102
105	安達　更紗	女	1979/09/13	B	2	2	101
106	森島　春美	女	1981/02/12	AB	3	3	103
107	五味　昌幸	男	1983/06/14	A	3	NULL	106
108	新井　琴美	女	1985/07/13	O	1	NULL	104
109	森本　昌也	男	1995/05/21	B	2	NULL	105
110	古橋　明憲	男	1996/01/20	O	3	NULL	106

社員テーブルの構造

カラム名	データ型	制約
社員コード	INT	主キー
社員名	VARCHAR(40)	
性別	VARCHAR(2)	
生年月日	DATE	
血液型	VARCHAR(2)	
部門コード	INT	外部キー（部門.部門コード）
役職コード	INT	外部キー（役職.役職コード）
上司社員コード	INT	外部キー（社員.社員コード）

部門テーブル

部門テーブル

部門コード	部門名
1	総務
2	営業
3	開発

部門テーブルの構造

カラム名	データ型	制約
部門コード	INT	主キー
部門名	VARCHAR(10)	

役職テーブル

役職テーブル

役職コード	役職名
1	部長
2	課長
3	係長

役職テーブルの構造

カラム名	データ型	制約
部門コード	INT	主キー
部門名	VARCHAR(10)	

給与テーブル

給与テーブル

社員コード	金額
101	1000000
102	952000
103	702000
104	640000
105	636000
106	591000
107	404000
108	388000
109	307000
110	287000

給与テーブルの構造

カラム名	データ型	制約
社員コード	INT	外部キー（社員.社員コード）
金額	INT	

システム利用時間テーブル

システム利用時間テーブル

社員コード	日付	秒数
101	2021/8/1	2498
102	2021/8/1	1175
103	2021/8/1	2108
104	2021/8/1	3263
105	2021/8/1	2808
106	2021/8/1	2543
107	2021/8/1	3219
108	2021/8/1	1532
109	2021/8/1	3510
110	2021/8/1	2928

システム利用時間テーブルの構造

カラム名	データ型	制約
社員コード	INT	外部キー（社員.社員コード）
日付	DATE	
秒数	INT	

取引先テーブル

取引先テーブル

取引先コード	取引先名	業種コード
1	北海道製作所	1
2	青森観光	2
3	岩手通信	3
4	宮城開発	3
5	秋田商事	5
6	山形電機	NULL

取引先テーブルの構造

カラム名	データ型	制約
取引先コード	INT	主キー
取引先名	VARCHAR(40)	
業種コード	INT	

業種テーブル

業種テーブル

業種コード	業種名
1	製造業
2	観光業
3	情報通信業
4	小売業

業種テーブルの構造

カラム名	データ型	制約
業種コード	INT	主キー
業種名	VARCHAR(20)	

テストデータをインポートしよう

前節でダウンロードしたZIPファイルを解凍すると、そのなかに、「CREATE_DATABASE_サンプル.sql」という名前のファイルが1つ、出現します。

テストデータ ファイルのアイコン

表示されているアイコンは、環境によって異なるよ

このファイルのなかみは、これから本書を用いてSQLを学習するためのサンプルデータを作成するSQLです。

では、このSQLを本章でインストールしたMySQLに実行し、サンプルデータを作成してみましょう！

まずは、スタートメニューからMySQLを起動してください。以下のような画面が表示され、パスワードの入力を待機している状態となっています。

MySQLを起動したときの画面

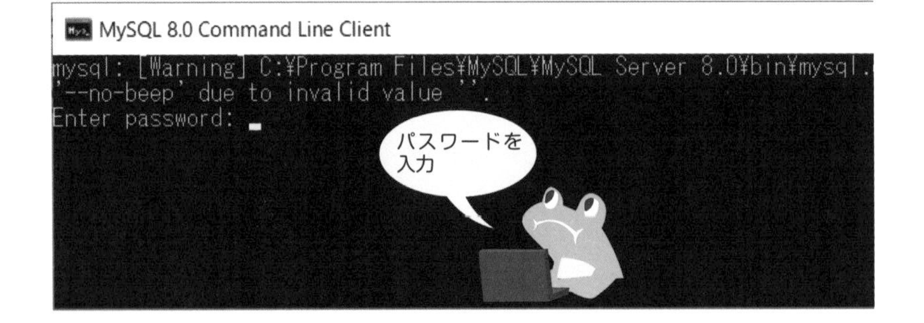

前節で設定したパスワードを入力し、Enterキーを押下します。入力したパスワードが正しければ、プロンプトが「mysql>」になります。

パスワードが正しいと表示される画面

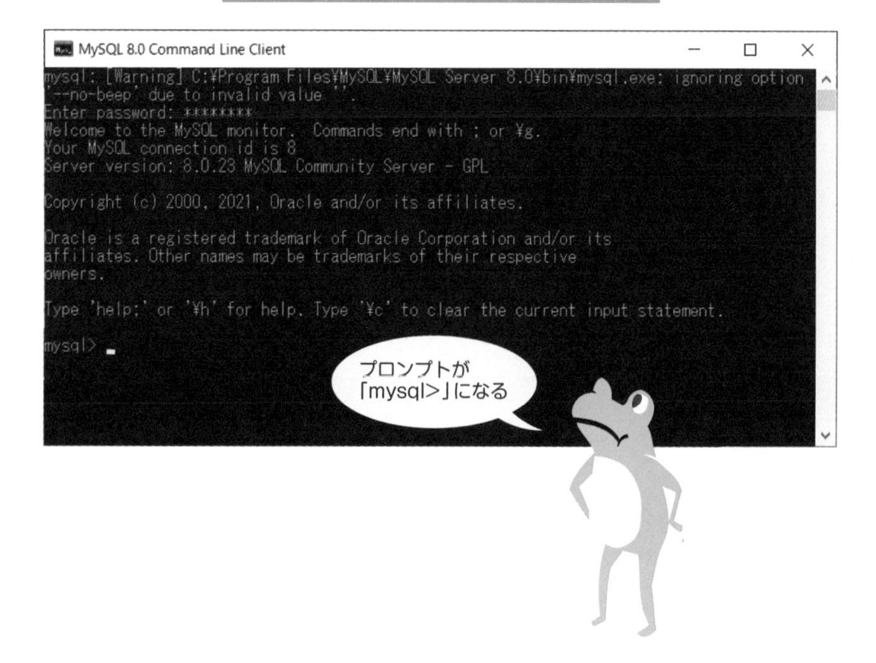

続いて、先ほどダウンロードしたSQLファイルを、Windows標準アプリのメモ帳などのテキストエディタで開きます。Windows標準アプリのメモ帳を起動する方法がわからない場合は、Windowsの画面左下の「ここに入力して検索」に、“notepad”と入力してみてください。

メモ帳を開くには

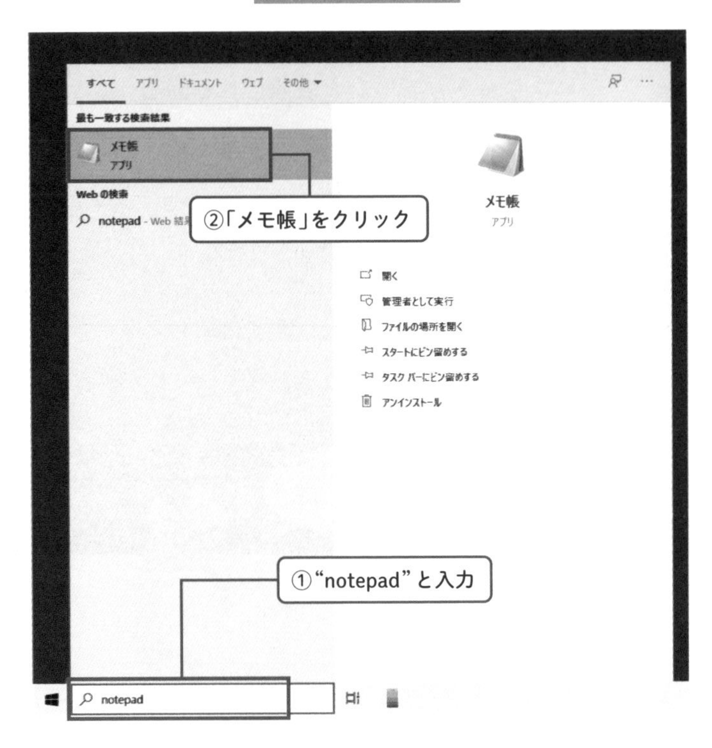

テストデータをメモ帳にドラッグ＆ドロップ

すると、以下の画像のように、SQLファイルの内容が表示されます。

メモ帳にSQLファイルの内容が表示される

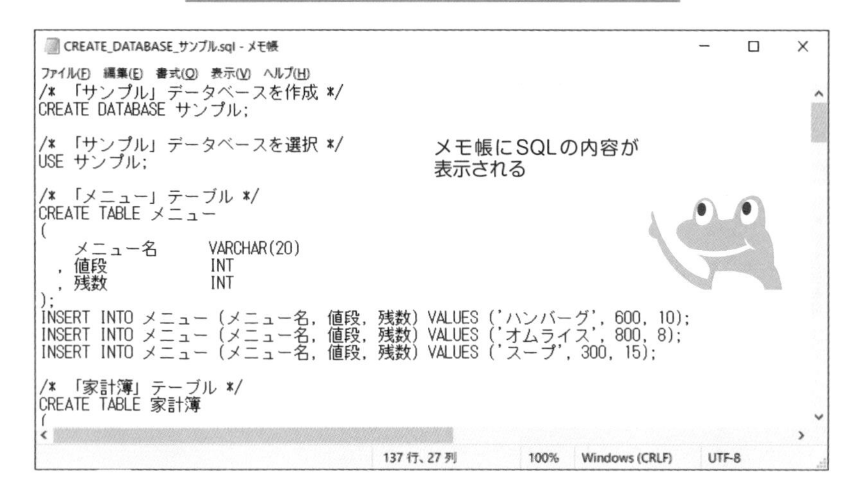

このSQLファイルの内容をすべてコピーします。まずは、メニューバーの「編集(E)」より、「すべて選択(A)」を選択します。

SQLの内容をすべて選択

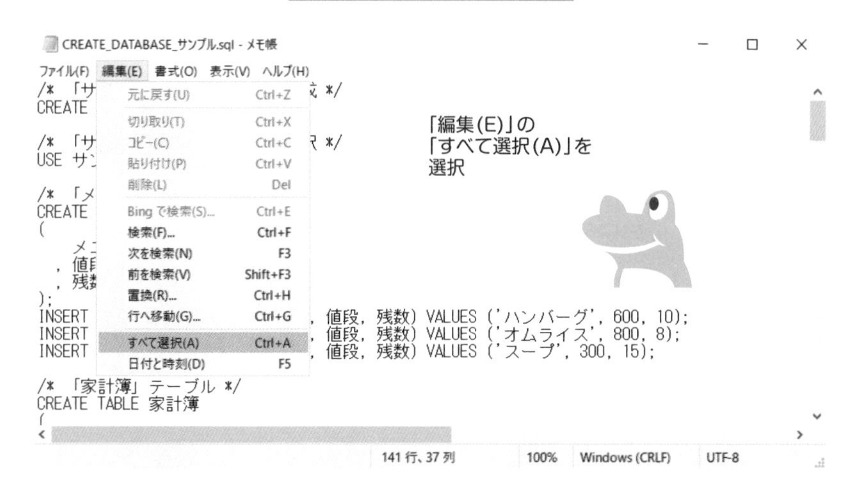

ファイルの内容がすべて選択された状態になるため、その状態で、再びメニューバーの「編集（E）」より、「コピー（C）」を選択します。

SQLの内容をすべてコピー

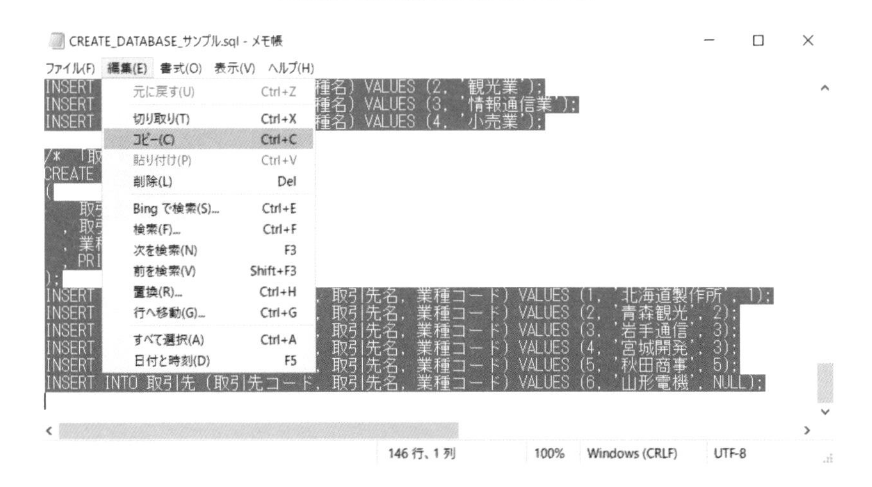

SQLファイルの内容をコピーしたら、MySQLの画面に戻ります。

MySQLの画面上で右クリックしてみてください。

コピーした内容をMySQLに貼り付け

コピーしたSQLが貼り付けされ、次々と実行されます。

コピーしたSQLが実行される

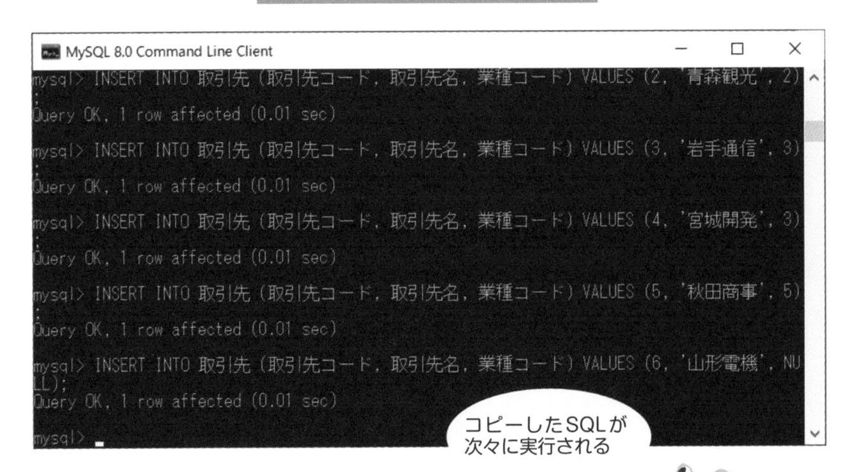

完了したら、「exit」と入力し、いったんMySQLの画面を閉じてください。

MySQLを終了する

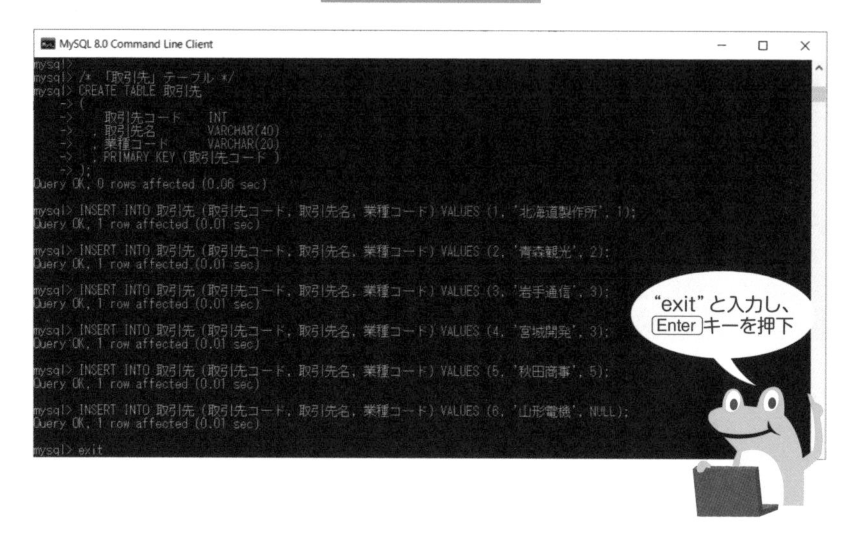

再びMySQLの画面を起動し、パスワードを入力したら、続けてデータベースを選択します。MySQLでSQLを実行するには、まずはSQLを実行するデータベースを選択する必要があります。

データベースを選択するには、「USE」コマンドを使います。USEコマンドの構文は、次のとおりです。

書式

```
USE [データベース名];
```

使用するデータベースを指定する

SQLファイルを実行すると、「サンプル」という名前のデータベースが作成されているはずです。「サンプル」データベースを選択するためのSQLは、次のとおりです。

```
USE サンプル;
```

「サンプル」データベースを選択

このSQLを実行すると、次のようになります。

```
mysql> USE サンプル; Enter
Database changed
```

データベースが変更されたことが表示される

画面は、このようになっています。

「サンプル」データベースを選択

ちなみに、すでに説明しましたが、どのようなデータベースが存在するかを確認するには、SHOW DATABASESコマンドを実行します。

```
SHOW DATABASES; Enter
```

まだ「サンプル」データベースを作成したばかりですが、SHOW DATABASESコマンドを実行すると、次のような結果となります。

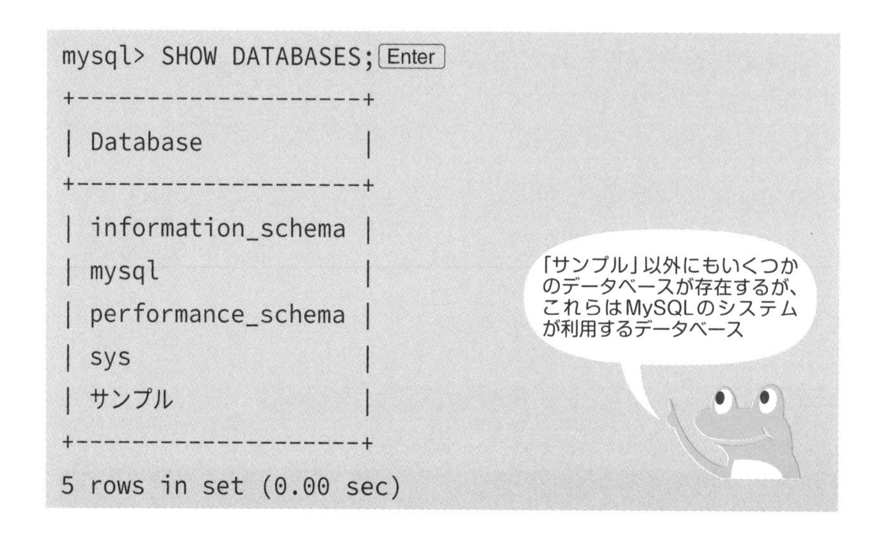

```
mysql> SHOW DATABASES; Enter
+--------------------+
| Database           |
+--------------------+
| information_schema |
| mysql              |
| performance_schema |
| sys                |
| サンプル           |
+--------------------+
5 rows in set (0.00 sec)
```


「サンプル」データベース以外にもいくつかデータベースが存在しますが、これはMySQLのインストールと同時に作成された、MySQLのシステムが利用するデータベースです。

MySQLのデータベース一覧が表示される

次章より、いよいよSQLの学習に入りますが、まずはMySQLを起動してパスワードを入力したら、「USE サンプル;」を実行し、「サンプル」データベースを選択してください。

データベース・システムの種類

本書では、MySQLを利用してSQLを学習します。

しかし、世の中にはMySQL以外にもさまざまなデータベース・システムがあります。

まず、MySQLは、オープンソース（ソースコードが公開されているもの）のデータベース・システムとしては、ナンバーワンの市場シェアを誇るのは前述のとおりです。

続いて、ナンバーツーのオープンソースのデータベース・システムは、PostgreSQLというデータベース・システムです。

有償のデータベース・システムにおけるナンバーワンの市場シェアは、Oracle社が提供しているOracleというデータベース・システムです。

そして、商用データベース・システムのナンバーツーが、Microsoft社が提供しているSQL Serverというデータベース・システムです。

今、紹介したこの4つのデータベース・システムが、データベース・システム全体の市場シェアにおけるNo.1からNo.4となっており、その順位　は、No.1がOracle、No.2がMySQL、No.3がSQL Server、No.4がPostgreSQLとなっています（2021年4月、DB-Engineの調査より）。

本書では、この上位4種類のデータベース・システムを使ってSQLの動作検証を行っており、MySQLを用いた実行結果を掲載しているものの、上記4つのデータベース・システムで共通して利用できるSQLを紹介しています。そのため、この4種類のデータベース・システムであれば、問題なく本書をご利用いただくことができます。

Chapter 01

この章のまとめ

本章では、SQLの学習を始める前の基礎的な知識についての説明と、SQLを学習するための環境としてMySQLをインストールする方法について、説明しました。

本章で説明した基礎知識については、決してないがしろにせず、しっかりと用語の意味を理解するようにしてください。このあたりの知識があいまいなエンジニアは、現場を混乱させてしまいます。

筆者の実体験なのですが、業務に関する知識は豊富だけどシステム開発の知識がまったくないシステムエンジニアがいました。

その方は、ほかのエンジニアたちの会話を聞きながら学習したつもりのあいまいな知識のままで、「これは新しいデータベースを作らなければダメだね」とか「このデータは使わなくなったからテーブルを削除して」とか、システム開発のド素人にも関わらず、本章で説明した用語を連発していました。

もちろん、筆者のなかでは「新しいデータベースを追加って言ったけど、追加するのはカラムだよな」とか「テーブルを削除って言ったけど、レコードの削除でいいよな」とか、しっかりと脳内変換(笑)し、「この方が言いたかった本来の用語に置き換えながら」会話を聞くことができたので然したる問題が発生したことはありませんでしたが、もし、私より従順なプログラマーであれば、言われたとおりに行動し、大問題を起こしていたかも知れません。

これから本書では、さまざまなデータ操作を行いますが、本章で説明した用語は頻繁に出てきます。そのため、まだ知識があいまいだと感じたときはすぐに本章に戻り、用語を再確認するようにしてください。

データ操作の基本（DML）

Chapter 02

データ操作言語（DML）とは

データ操作言語（DML）とは

データ操作言語（DML）とは、**データベースに命令をする為の言語**の事で、DMSとはData Manipulation Language（データ・マニピュレーション・ランゲージ）の略です。

MySQLではデータ操作言語を使用して、データベースにあるデータに対し様々な命令を与えます。

データ操作言語は4種類しかない！

言語というと難しく感じるかもしれませんが、安心してください。MySQLで使用するデータ操作言語は、以下の4つしかありません。

データ操作言語

SELECT	データを取得する
INSERT	データを追加する
UPDATE	データを更新する
DELETE	データを削除する

とてもシンプルですね。

この4つの言語と様々な条件式などを組み合わせ、データベースを操作していきます。

たとえば、次のような「メニュー」テーブルがあります。

「メニュー」テーブル

メニュー名	値段	残数
ハンバーグ	600	10
オムライス	800	8
スープ	300	15

この「メニュー」テーブルより、すべてのデータを取得するには、次のようにSELECTコマンドを実行します。

```
SELECT * FROM メニュー; Enter
```

このSQLをデータベース(MySQL)に対して実行した場合の結果は、次のようになります。

```
mysql> SELECT * FROM メニュー; Enter
+------------+------+------+
| メニュー名 | 値段 | 残数 |
+------------+------+------+
| ハンバーグ |  600 |   10 |
| オムライス |  800 |    8 |
| スープ     |  300 |   15 |
+------------+------+------+
3 rows in set (0.00 sec)
```

このように様々な目的に合わせて、データ操作言語を使用します。それぞれのより詳しい使い方については次項からひとつずつ、学んでいきましょう！

SQLの「コマンド」「式」「句」

これから先、本書を読み進めると、「コマンド」「式」「句」といった用語が頻出します。たとえば、前のページでも「SELECTコマンド」という表現を使いましたし、今後は「条件式」や「WHERE句」といった表現を多用します。

これらの用語は、特に意識しなくても本書を読み進めていくことは可能ですが、これらの用語の違いについて、かんたんに説明します。

まず、「コマンド」について。

コマンド（Command）とは、「命令」のことです。本書では、「SELECTコマンド」や「SELECT命令」といった表現をしています。

コマンドは、1つの実行の単位となるSQLを指しています。たとえば以下のようなSQLの場合、このSQLの1文が、「コマンド」です。

```
SELECT * FROM メニュー；
```

1つの実行の単位を
「コマンド」と言うよ

続いて、「式」について。

式とは、単一の値などを指します。たとえば、120ページの「条件によって値を変えてデータを取得する（CASE）」で説明するCASEという構文は、「CASE式」などと表現します。また、84ページの「行を絞り込んで取得する」で説明するWHEREについて、これを説明する際にレコードを絞り込む条件を、「条件式」と表現しています。条件式は、その条件が真（TRUE）か偽（FALSE）かのいずれか単一の値を返します。

```
SELECT * FROM メニュー WHERE 残数 < 10;
```

「残数」が10より小さいレコードを取得するための条件式

最後に、「句」について。

句とは、SQLを構成する要素を指します。たとえば、SQLコマンドについて「SELECT」や「FROM」を単体で説明するときに、「句」という用語を使用します。例として、「このSQLは、SELECT句の後ろにはすべてのカラムを意味する"*"（アスタリスク）を指定します」や、「使用するテーブルを指定するには、FROM句を使用します」といった説明をする際に「句」という用語を使用します。

```
SELECT * FROM メニュー ;
```

FROM句のないクエリについて

MySQL、PostgreSQL、SQL Serverは、FROM句のないSELECTコマンドを実行することができます。

書式

SELECT [値];

［値］…関数や変数、固定値など

[値]には、関数や変数、固定値などを指定することができます。たとえば、後述しますが、現在の日時を取得する場合は、次のSQLを実行します。

```
mysql> SELECT CURRENT_TIMESTAMP; Enter
+---------------------+
| CURRENT_TIMESTAMP   |
+---------------------+
| 2021-03-28 17:57:07 |
+---------------------+
1 row in set (0.00 sec)
```

CURRENT_TIMESTAMPは、現在の日時を返す**システム関数**です。関数とは、特定の手続きに従って演算処理を行い、単一の値、もしくは複数の値を返す処理群のことをいいます。また、システム関数とは、データベース・システムが予め用意した関数のことをいいます。関数は、ユーザーが独自に生成することが可能で、これを**ユーザー定義関数**といいますが、SQLの入門書の域を超えるため、本書では扱いません。

Oracleの場合、FROM句のないSELECTコマンドはエラーとなります。

```
SQL> SELECT CURRENT_TIMESTAMP; Enter
SELECT CURRENT_TIMESTAMP
                         *
行1でエラーが発生しました。:
ORA-00923: FROMキーワードが指定の位置にありません。
```

そのため、Oracleでテーブルを必要としないSELECTコマンドを実行するためには、「DUAL」という仮想テーブルを使います。

書式

SELECT [値] FROM DUAL;

[値]…関数や変数、固定値など

たとえば、Oracleで現在の日時を取得するSQLは、DUALテーブルを用いて、次のSQLを実行します。

```
SQL> SELECT CURRENT_TIMESTAMP FROM DUAL; Enter

CURRENT_TIMESTAMP
---------------------------------------------------------------
21-03-28 18:06:02.769000 +09:00
```

本書では、データベース・システム共通で同じ構文を用いる場合、FROM句が不要なSQLにおいては、FROM句を省いているケースがあります。その場合でも、Oracleにおいては、必ずFROM句でDUAL仮想テーブルを指定するようにしてください。

Chapter 02

データを取得する

すべてのデータを取得する

それでは、まず始めにデータベースに存在するデータを取得してみましょう。データを取得するときは、SELECTコマンドを使用します。SELECTコマンドはデータ操作言語の中で最も使用頻度が高い命令ですので、しっかりと学んでいきましょう。

今回は「家計簿」テーブルのデータを使用します。

「家計簿」テーブル

No	日付	項目	品名	金額
1	2021/3/27	食費	大根	100
2	2021/3/27	食費	豚バラ肉	300
3	2021/3/27	日用品	ティッシュ	230
4	2021/3/28	娯楽費	雑誌	700
5	2021/3/28	おやつ	ドーナツ	120

SELECTコマンドの構文は、以下のようになっています。

書式

SELECT [カラム名1], [カラム名2], … FROM [テーブル名];

[カラム名] …取得したいカラムの名前

[テーブル名] …データの取得先となるテーブル名

［カラム名］には、データを取得したいカラムの名称を指定します。取得したいカラムが複数存在する場合は、「,」(カンマ)でつないで表現します。この［カラム名］の部分を「*」(アスタリスク)にすることで、テーブルにあるすべてのレコードを取得することができます。

［テーブル名］には、データの取得先となるテーブルの名前を指定します。今回は「家計簿」テーブルのすべてのデータを取得するので、テーブル名は「家計簿」と入力します。それでは実際にSQLを実行して、MySQLに命令をしてみましょう。

```
SELECT * FROM 家計簿;
```

MySQLに対して実行した結果は次のようになります。

```
mysql> SELECT * FROM 家計簿; Enter
+------+------------+----------+----------------+--------+
| No   | 日付       | 項目     | 品名           | 金額   |
+------+------------+----------+----------------+--------+
|    1 | 2021-03-27 | 食費     | 大根           |    100 |
|    2 | 2021-03-27 | 食費     | 豚バラ肉       |    300 |
|    3 | 2021-03-27 | 日用品   | ティッシュ     |    230 |
|    4 | 2021-03-28 | 娯楽費   | 雑誌           |    700 |
|    5 | 2021-03-28 | おやつ   | ドーナツ       |    120 |
+------+------------+----------+----------------+--------+
5 rows in set (0.00 sec)
```

「*」(アスタリスク)を使用することで、「家計簿」テーブルに存在するすべてのデータが取得できましたね。

すべてのデータを取得するときは「*」(アスタリスク)を用いる、と覚えておきましょう。

Q すべてのデータを取得する

問題1（レベル：かんたん）

「社員」テーブルより、すべてのレコードの「社員コード」と「社員名」の値を取得するSQLを完成させなさい。

「社員」テーブル

社員コード	社員名	性別	生年月日	血液型	部門コード	役職コード	上司社員コード
101	青木　信玄	男	1964/09/05	A	2	1	NULL
102	川本　夏鈴	女	1965/01/12	O	1	1	NULL
103	岡田　雅宣	男	1979/01/10	B	3	1	NULL
104	坂東　理恵	女	1979/07/26	O	1	2	102
105	安達　更紗	女	1979/09/13	B	2	2	101
106	森島　春美	女	1981/02/12	AB	3	3	103
107	五味　昌幸	男	1983/06/14	A	3	NULL	106
108	新井　琴美	女	1985/07/13	O	1	NULL	104
109	森本　昌也	男	1995/05/21	B	2	NULL	105
110	古橋　明憲	男	1996/01/20	O	3	NULL	106

取得したい結果

社員コード	社員名
101	青木　信玄
102	川本　夏鈴
103	岡田　雅宣
104	坂東　理恵
105	安達　更紗
106	森島　春美
107	五味　昌幸
108	新井　琴美
109	森本　昌也
110	古橋　明憲

社員コードと社員名以外は表示しないようにしてください

すべてのデータを取得する

問題1の解説（レベル：かんたん）

「社員」テーブルからすべてのレコードの「社員コード」と「社員名」の値を取得するには、次のSQLを実行します。

```
mysql> SELECT 社員コード, 社員名 FROM 社員; Enter
+------------+------------+
| 社員コード   | 社員名      |
+------------+------------+
|        101 | 青木　信玄  |
|        102 | 川本　夏鈴  |
|        103 | 岡田　雅宣  |
|        104 | 坂東　理恵  |
|        105 | 安達　更紗  |
|        106 | 森島　春美  |
|        107 | 五味　昌幸  |
|        108 | 新井　琴美  |
|        109 | 森本　昌也  |
|        110 | 古橋　明憲  |
+------------+------------+
10 rows in set (0.00 sec)
```

このSQLのように、表示したいカラムが複数ある場合は、「,」（カンマ）でつなげて表現します。

すべてのカラムを表示したい場合は、すべてのカラム名を「,」でつなげる必要はなく、カラム名のかわりに「*」（アスタリスク）を指定します。

データを並び替えて取得する

　続いて、データを並び替えて取得する方法を見てみましょう。データを並び替えてデータを取得するには、次のようにします。

書式

```
SELECT [カラム名1], [カラム名2], … FROM [テーブル名]
ORDER BY [並び替え対象カラム名1] ([昇順/降順])
    , [並び替え対象カラム名2] ([昇順/降順])
    , … ;
```

[カラム名] …取得したいカラムの名前

[テーブル名] …データの取得先となるテーブル名

[並び替え対象カラム] …並び替えの対象となるカラムの名前

[昇順/降順] …昇順の場合は“ASC”、降順の場合は“DESC”

　前項で説明したSQLの後ろに、「ORDER BY」という記述を追加しました。この「ORDER BY」が、データを並び替えするときに使用するためのものです。[並び替え対象カラム]には、複数のカラムを指定することができます。また、指定したカラムごとに、データを昇順で並び替えるか、降順で並び替えるかを指定することができます。昇順で並び替える場合は、該当するカラムの後ろに“ASC”を、降順で並び替える場合は、該当するカラムの後ろに“DESC”を指定します。[昇順/降順]は省略することが可能で、省略した場合は、該当カラムの昇順で並び替えが行われます。

　では、実際の例を見てみましょう。先ほど使用した「家計簿」テーブルにて、「金額」の安い順に並び替えて取得するには、次のようなSQLを実行します。

```
SELECT * FROM 家計簿 ORDER BY 金額 ASC;
```

このSQLの実行結果は、次のようになります。

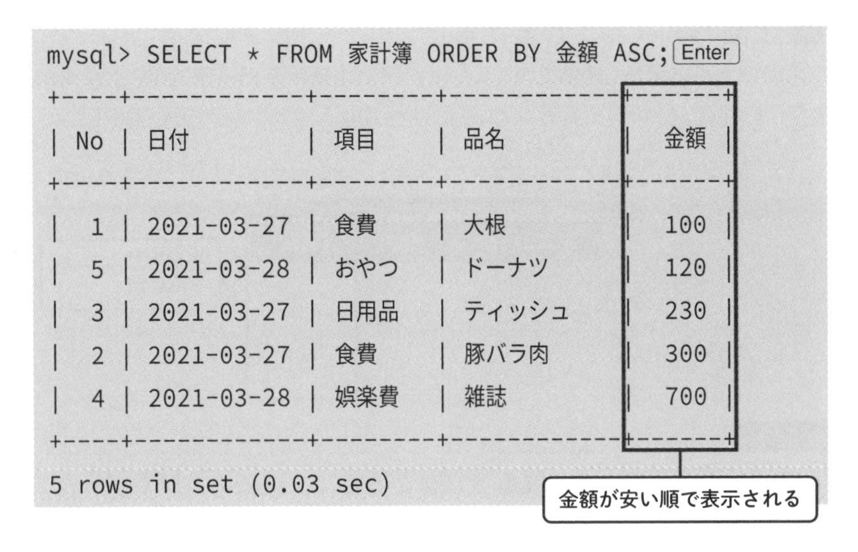

```
mysql> SELECT * FROM 家計簿 ORDER BY 金額 ASC; Enter
+----+------------+--------+------------+------+
| No | 日付       | 項目   | 品名       | 金額 |
+----+------------+--------+------------+------+
|  1 | 2021-03-27 | 食費   | 大根       |  100 |
|  5 | 2021-03-28 | おやつ | ドーナツ   |  120 |
|  3 | 2021-03-27 | 日用品 | ティッシュ |  230 |
|  2 | 2021-03-27 | 食費   | 豚バラ肉   |  300 |
|  4 | 2021-03-28 | 娯楽費 | 雑誌       |  700 |
+----+------------+--------+------------+------+
5 rows in set (0.03 sec)
```


「金額」の降順で並び替える場合は、“ASC”のかわりに“DESC”を指定します。

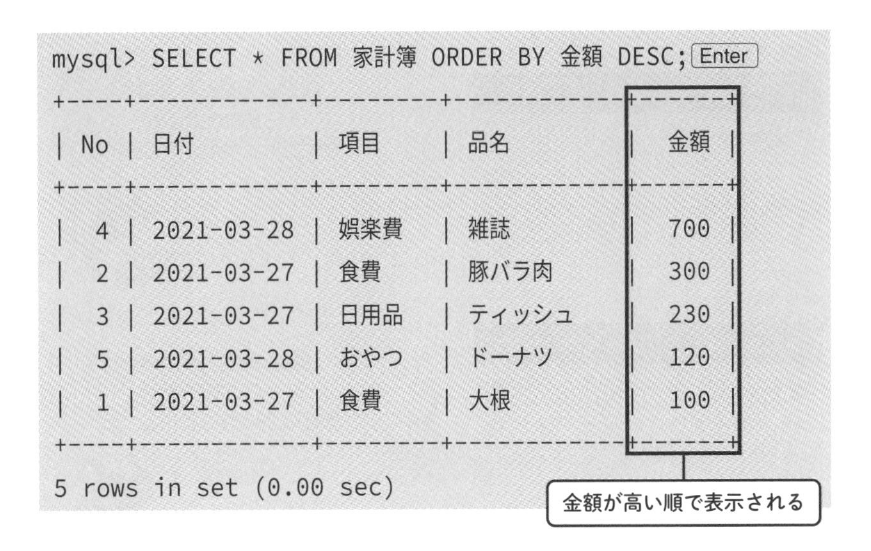

```
mysql> SELECT * FROM 家計簿 ORDER BY 金額 DESC; Enter
+----+------------+--------+------------+------+
| No | 日付       | 項目   | 品名       | 金額 |
+----+------------+--------+------------+------+
|  4 | 2021-03-28 | 娯楽費 | 雑誌       |  700 |
|  2 | 2021-03-27 | 食費   | 豚バラ肉   |  300 |
|  3 | 2021-03-27 | 日用品 | ティッシュ |  230 |
|  5 | 2021-03-28 | おやつ | ドーナツ   |  120 |
|  1 | 2021-03-27 | 食費   | 大根       |  100 |
+----+------------+--------+------------+------+
5 rows in set (0.00 sec)
```

データを並び替えて取得する

問題1（レベル：かんたん）

「メニュー」テーブルにて、残数が少ない順でデータを並び替えるSQLと、残数が多い順でデータを並び替えるSQLを完成させなさい。

「メニュー」テーブル

メニュー名	値段	残数
ハンバーグ	600	10
オムライス	800	8
スープ	300	15

残数が少ない順と多い順

ヒント

残数が少ない順にデータを並び替えるには、残数の昇順でデータを取得すればOKです。同様に、残数が多い順にデータを並び替えるには、残数の降順でデータを取得すればOKです。

昇順と降順の違い

昇順の場合

メニュー名	値段	残数
オムライス	800	8
ハンバーグ	600	10
スープ	300	15

残数のカラムを昇順でデータ取得すると、残数の少ない順で表示される

降順の場合

メニュー名	値段	残数
スープ	300	15
ハンバーグ	600	10
オムライス	800	8

残数のカラムを降順でデータ取得すると、残数の多い順で表示される

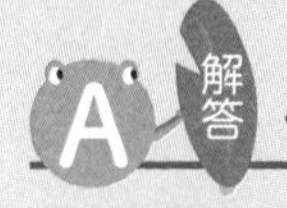

データを並び替えて取得する

問題1の解説（レベル：かんたん）

作成するSQLは、2つです。まず、残数の昇順で並び替えてデータを取得するSQLは、次のとおりです。

```
mysql> SELECT * FROM メニュー ORDER BY 残数 ASC; Enter
+-----------+------+------+
| メニュー名    | 値段 | 残数 |
+-----------+------+------+
| オムライス    |  800 |    8 |
| ハンバーグ    |  600 |   10 |
| スープ       |  300 |   15 |
+-----------+------+------+
3 rows in set (0.00 sec)
```

昇順で取得する場合、省略可能！

最後の“ASC”を省略しても、残数の昇順で並び替えてデータを取得することができます。

また、残数の降順で並び替えてデータを取得するSQLは、次のとおりです。

```
mysql> SELECT * FROM メニュー ORDER BY 残数 DESC; Enter
+-----------+------+------+
| メニュー名    | 値段 | 残数 |
+-----------+------+------+
| スープ       |  300 |   15 |
| ハンバーグ    |  600 |   10 |
| オムライス    |  800 |    8 |
+-----------+------+------+
```

「ORDER BY」を指定しなかった場合の並び順について

「ORDER BY」を指定しなかった場合のSELECTコマンドの並び順は、どうなると思いますか？

毎回同じ結果で取得しているようにも見える場合があるため、たとえば「データを追加した順番で取得されるのではないか」とか、「いちばん左のカラムの昇順で取得されるのではないか」など、いろんなケースを推測された方もいらっしゃるかもしれませんが、「ORDER BY」を指定しなかった場合の並び順は、「不規則である」というのが正解です。

「そんなはずはない！　いま、何度実行しても同じ並び順で表示されるではないか！」と反論したい方もいらっしゃるかも知れません。しかし、毎回同じ並び順で表示されていたとしても、その並び順は保証されていないのです。

その並び順は、何らかのタイミングで別の並び順になってしまう可能性が大いにあります。実際、筆者自身も体験があり、今までは正常に動作していたSQLが、データベース・システムのバージョンアップにより、これまでの並び順とはまったく別の順番でデータを取得するようになってしまい、それが原因で不具合が発生したケースがありました。データベース・システムのバージョンアップによって発生したこの不具合の原因が、まさかの「ORDER BY」の付け忘れによるものだったという結果に非常に驚いた経験があります。

このように、「ORDER BY」を付けていないデータの並び順は「不規則である」のため、必ず同じ並び順となることを保証したい場合、必ず、「ORDER BY」を付けるようにしましょう。

筆者の体験のように、「ORDER BY」を付け忘れたことによる不具合は、思わぬタイミングで発生する可能性があり、発見しづらい不具合となります。

SQLの書き方

本書では、SQLコマンドを大文字で統一していますが、SQLコマンドは、大文字と小文字を区別しません。たとえば、「メニュー」テーブルからデータを取得するSQLを、本書では、

```
SELECT * FROM メニュー；
```

と表記していましたが、次のように、小文字のSQLコマンドでも同様の結果を得ることができます。

```
select * from メニュー；
```

また、「SELECT」や「FROM」などの単語は、以下のように、改行で区切ることもできます。

```
SELECT
*
FROM
メニュー；
```

このページに記載した3つのSQLは、すべて同じ結果となります。

```
+------------+------+------+
| メニュー名    | 値段 | 残数 |
+------------+------+------+
| ハンバーグ    |  600 |   10 |
| オムライス    |  800 |    8 |
| スープ       |  300 |   15 |
+------------+------+------+
```

列を絞り込んで取得する

70ページにて、データを取得するSELECTコマンドの構文について、説明しました。もう一度、おさらいしてみましょう。

書式

```
SELECT [カラム名1], [カラム名2], … FROM [テーブル名];


[カラム名] …取得したいカラムの名前
[テーブル名] …データの取得先となるテーブル名
```

これまでに使用してきたSELECTコマンドは、[カラム名]に「*」を指定してすべてのカラムを取得するサンプルのみでしたので、本項では、[カラム名]を指定するケースを見てみます。

[カラム名]を指定することにより、Microsoft ExcelやGoogleスプレッドの「列」に該当する部分を絞り込んでデータを取得することができます。71ページと同様、「家計簿」テーブルを利用して、列を絞り込んでデータを取得するサンプルを見てみましょう。

「家計簿」テーブル

No	日付	項目	品名	金額
1	2021/3/27	食費	大根	100
2	2021/3/27	食費	豚バラ肉	300
3	2021/3/27	日用品	ティッシュ	230
4	2021/3/28	娯楽費	雑誌	700
5	2021/3/28	おやつ	ドーナツ	120

この「家計簿」テーブルより、「No」と「日付」と「金額」のみを取得するSQLは、次のとおりです。

```
SELECT No, 日付, 金額 FROM 家計簿;
```

このSQLの実行結果は、次のとおりです。

```
mysql> SELECT No, 日付, 金額 FROM 家計簿; Enter
+----+------------+------+
| No | 日付       | 金額 |
+----+------------+------+
|  1 | 2021-03-27 |  100 |
|  2 | 2021-03-27 |  300 |
|  3 | 2021-03-27 |  230 |
|  4 | 2021-03-28 |  700 |
|  5 | 2021-03-28 |  120 |
+----+------------+------+
5 rows in set (0.02 sec)
```

「家計簿」テーブル

No	日付	項目	品名	金額
1	2021/3/27	食費	大根	100
2	2021/3/27	食費	豚バラ肉	300
3	2021/3/27	日用品	ティッシュ	230
4	2021/3/28	娯楽費	雑誌	700
5	2021/3/28	おやつ	ドーナツ	120

赤枠のカラムだけ
が取得できた

このように、指定したカラムだけを絞り込んでデータを表示することを、**射影演算**といいます。

列を絞り込んで取得する

問題1（レベル：かんたん）

「社員」テーブルより、すべてのレコードの「社員コード」「社員名」「血液型」のカラムのみを取得するSQLを完成させなさい。

取得するカラムを指定する

社員テーブル

社員コード	社員名	性別	生年月日	血液型	部門コード	役職コード	上司社員コード
101	青木　信玄	男	1964/09/05	A	2	1	NULL
102	川本　夏鈴	女	1965/01/12	O	1	1	NULL
103	岡田　雅宣	男	1979/01/10	B	3	1	NULL
104	坂東　理恵	女	1979/07/26	O	1	2	102
105	安達　更紗	女	1979/09/13	B	2	2	101
106	森島　春美	女	1981/02/12	AB	3	3	103
107	五味　昌幸	男	1983/06/14	A	3	NULL	106
108	新井　琴美	女	1985/07/13	O	1	NULL	104
109	森本　昌也	男	1995/05/21	B	2	NULL	105
110	古橋　明憲	男	1996/01/20	O	3	NULL	106

社員コード	社員名	血液型
101	青木　信玄	A
102	川本　夏鈴	O
103	岡田　雅宣	B
104	坂東　理恵	O
105	安達　更紗	B
106	森島　春美	AB
107	五味　昌幸	A
108	新井　琴美	O
109	森本　昌也	B
110	古橋　明憲	O

社員コード・社員名・血液型のみを選択して取得

解答 列を絞り込んで取得する

問題1の解説（レベル：かんたん）

実行するSQLは、次のとおりです。かんたんですね。

```
SELECT 社員コード, 社員名, 血液型 FROM 社員;
```

このSQLを実行したときの結果は、次のようになります。

```
mysql> SELECT 社員コード, 社員名, 血液型 FROM 社員; Enter
+-----------+-----------+--------+
| 社員コード |   社員名   | 血液型  |
+-----------+-----------+--------+
|       101 | 青木　信玄 | A      |
|       102 | 川本　夏鈴 | O      |
|       103 | 岡田　雅宣 | B      |
|       104 | 坂東　理恵 | O      |
|       105 | 安達　更紗 | B      |
|       106 | 森島　春美 | AB     |
|       107 | 五味　昌幸 | A      |
|       108 | 新井　琴美 | O      |
|       109 | 森本　昌也 | B      |
|       110 | 古橋　明憲 | O      |
+-----------+-----------+--------+
10 rows in set (0.01 sec)
```


ちなみに、すべてのカラムを取得するときも、「*」ではなく、1つずつカラムを指定して取得した方が良いとされています。後でテーブル構造を変更したときも、データベース・アプリケーションの思わぬ不具合の発生を防ぐことができるためです。

行を絞り込んで取得する

前項では、列(カラム)を絞り込んでデータを取得しましたが、本項では、行(レコード)を絞り込んでデータを取得する方法を紹介します。レコードを絞り込んでデータを取得するには、次の構文を使用します。

書式

SELECT [カラム名1], [カラム名2], …

FROM [テーブル名]

WHERE [条件式];

[カラム名] …データを取得するカラムの名称

[テーブル名] …データの取得先となるテーブル名

[条件式] …条件式に合ったデータを取得

これまでに紹介したSELECTコマンドに、「WHERE」という句が追加されています。このWHERE句は、指定した条件式に合ったデータのみを取得するときに用います。

例を見てみましょう。「社員」テーブルから、社員コードが「101」のレコードを取得するSQLを考えてみます。

「社員」テーブル

社員コード	社員名	性別	生年月日	血液型	部門コード	役職コード	上司社員コード
101	青木　信玄	男	1964/09/05	A	2	1	NULL
102	川本　夏鈴	女	1965/01/12	O	1	1	NULL
103	岡田　雅宣	男	1979/01/10	B	3	1	NULL
104	坂東　理恵	女	1979/07/26	O	1	2	102
105	安達　更紗	女	1979/09/13	B	2	2	101

106	森島　春美	女	1981/02/12	AB	3	3	103
107	五味　昌幸	男	1983/06/14	A	3	NULL	106
108	新井　琴美	女	1985/07/13	O	1	NULL	104
109	森本　昌也	男	1995/05/21	B	2	NULL	105
110	古橋　明憲	男	1996/01/20	O	3	NULL	106

社員コードが「101」の
レコードのみ

その場合、WHERE句には、次のように条件式を指定します。

WHERE 社員コード = 101

条件式

=	右側の値と左側の値が等しい場合

社員コードと「101」という値を「=」(イコール)でつなぐことで、「社員」テーブルから社員コードが「101」であるレコードのみを取得することができます。

それでは、SQLを実行してみましょう。「社員」テーブルより、社員コードが「101」のレコードの、「社員コード」と「社員名」を取得するSQLコマンドは、次のとおりです。

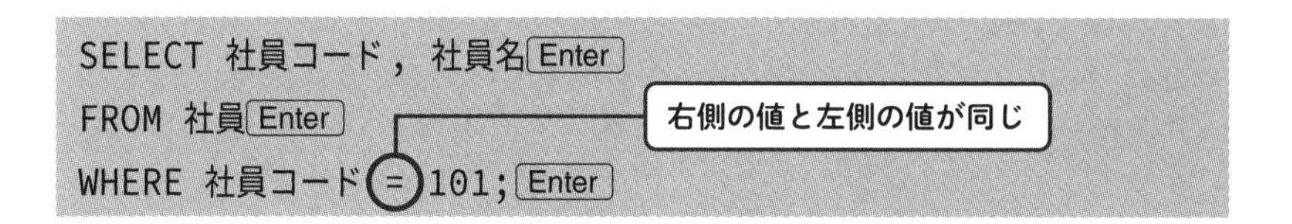
```
SELECT 社員コード, 社員名[Enter]
FROM 社員[Enter]
WHERE 社員コード=101;[Enter]
```


このSQLの実行結果は、次のとおりです。

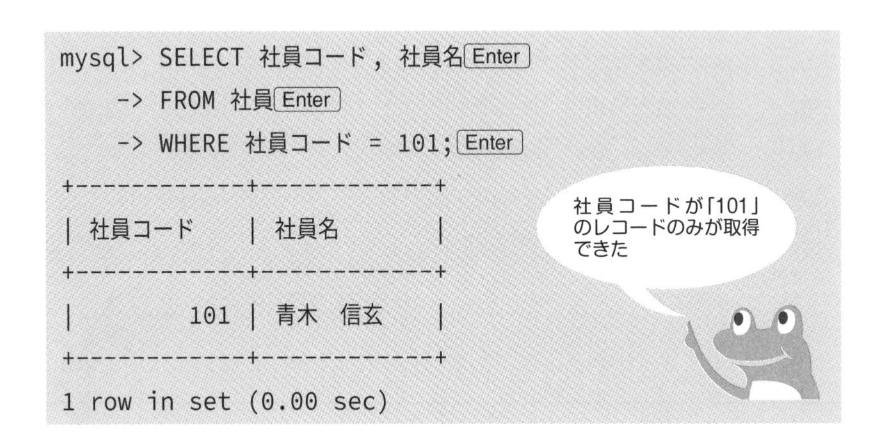

```
mysql> SELECT 社員コード, 社員名Enter
    -> FROM 社員Enter
    -> WHERE 社員コード = 101;Enter
+-----------+-----------+
| 社員コード  | 社員名     |
+-----------+-----------+
|       101 | 青木　信玄  |
+-----------+-----------+
1 row in set (0.00 sec)
```


うまく取得できたことを確認することができました。

値があっているという条件式だけでなく、値の大小を比較する条件式を記述することもできます。

条件式

演算子	意味
<	左側の値より右側の値の方が大きい場合
>	右側の値より左側の値の方が大きい場合
<=	右側の値が左側の値以上の場合
>=	左側の値が右側の値以上の場合

たとえば、社員テーブルより、社員コードが「103」以下のレコードの社員コードと社員名を取得するSQLは、次のようになります。

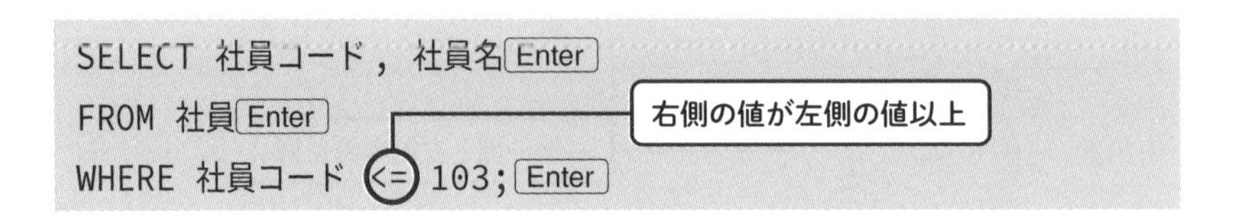

```
SELECT 社員コード, 社員名Enter
FROM 社員Enter
WHERE 社員コード <= 103;Enter
```


このSQLの実行結果は、次のとおりです。

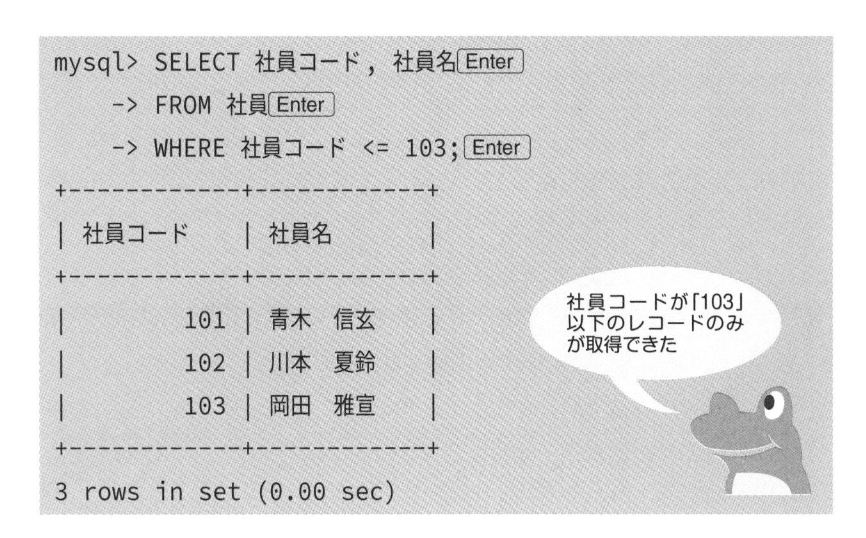

```
mysql> SELECT 社員コード, 社員名 Enter
    -> FROM 社員 Enter
    -> WHERE 社員コード <= 103; Enter
+------------+------------+
| 社員コード | 社員名     |
+------------+------------+
|        101 | 青木　信玄 |
|        102 | 川本　夏鈴 |
|        103 | 岡田　雅宣 |
+------------+------------+
3 rows in set (0.00 sec)
```


また、左側の値と右側の値が一致しないレコードを取得することもできます。その場合は、次のように記述します。

条件式

!=	左側の値と右側の値が一致しない場合

たとえば、血液型が「O」ではない社員の社員コードと社員名、血液型を取得するSQLは、次のとおりです。

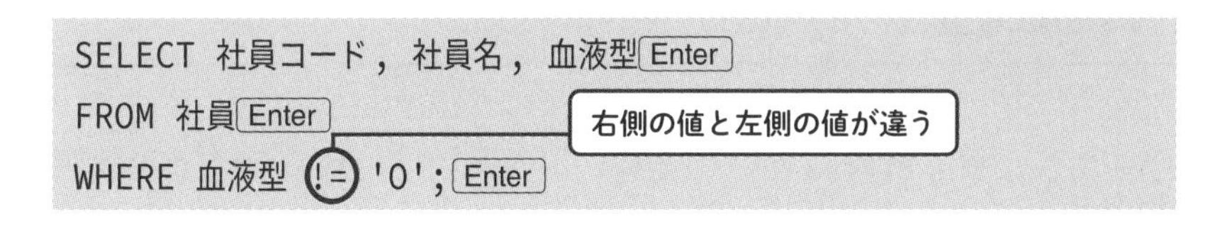

```
SELECT 社員コード, 社員名, 血液型 Enter
FROM 社員 Enter
WHERE 血液型 != 'O'; Enter
```


このSQLを実行すると、次のような結果が得られます。

```
mysql> SELECT 社員コード, 社員名, 血液型 Enter
    -> FROM 社員 Enter
```

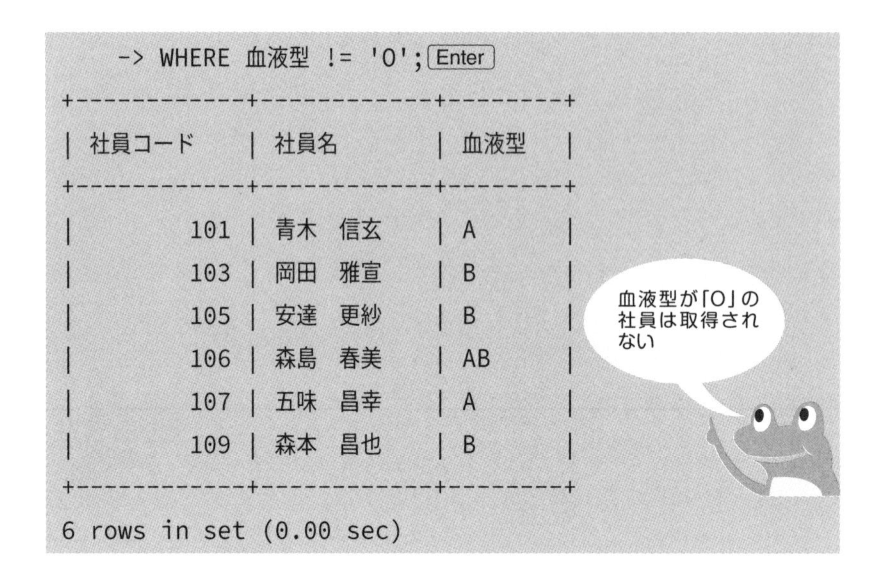

```
    -> WHERE 血液型 != 'O'; Enter
+------------+------------+--------+
| 社員コード | 社員名     | 血液型 |
+------------+------------+--------+
|        101 | 青木　信玄 | A      |
|        103 | 岡田　雅宣 | B      |
|        105 | 安達　更紗 | B      |
|        106 | 森島　春美 | AB     |
|        107 | 五味　昌幸 | A      |
|        109 | 森本　昌也 | B      |
+------------+------------+--------+
6 rows in set (0.00 sec)
```


ところで、血液型のときは、

```
WHERE 血液型 != 'O';
```

のように、値を「'」（シングルクォーテーション）で囲っていますね。社員コードのときは、

```
WHERE 社員コード = 101;
```

のように、何も装飾していません。この違いは、社員コードが数値型のINT型であるのに対し、血液型が文字型のVARCHAR型であるためです。SQLは、文字列型の値を取り扱う際、「'」で囲う必要があります。

そのため、社員コードの値を指定するときは何も装飾しなかったのに対し、血液型の値を指定するときは「'」で囲う必要があったのです。

「'」で囲うのは、文字列型の値を指定するときだけではありません。数値型の値を指定するときも、「'」で囲う必要があります。

例として、社員テーブルより、生年月日が「1965/01/12」の社員の社員コードと社員名を取得するSQLを見てみましょう。

この条件を指定するSQLは、次のとおりです。

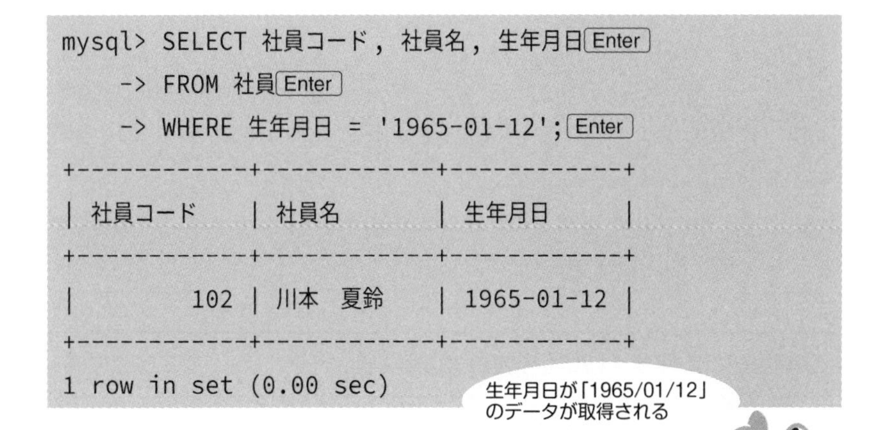

```
mysql> SELECT 社員コード, 社員名, 生年月日 Enter
    -> FROM 社員 Enter
    -> WHERE 生年月日 = '1965-01-12'; Enter
+-----------+-----------+-----------+
| 社員コード | 社員名     | 生年月日   |
+-----------+-----------+-----------+
|       102 | 川本　夏鈴 | 1965-01-12 |
+-----------+-----------+-----------+
1 row in set (0.00 sec)
```

どちらの条件も満たす場合のみ取得する（AND条件）

前項では、条件式が1つだけの場合について説明しましたが、条件式は複数指定することができます。たとえば、GoogleやBing、Yahoo！などの検索エンジンで調べものをする際、いくつかのキーワードをスペースで区切り、検索結果を絞り込みますね？　例として、「新潟県長岡市でおいしいカレーを食べたい」と思えば、

“長岡”　“カレー”　“おすすめ”

など、複数のキーワードで検索を行うと、この条件のすべてに合致する検索結果が表示されます。

SQLで、指定した条件のすべてに合致するレコードのみを取得するには、次のようにします。

```
WHERE [条件式1] AND [条件式2]
```

このWHERE句は、条件式1と条件式2を同時に満たすレコードのみを処理の対象とすることを示します。条件式が3つ以上ある場合は、同様にANDを使って条件式をつなげます。

例を見てみましょう。まずは「メニュー」テーブルを見てください。

「メニュー」テーブル

メニュー名	値段	残数
ハンバーグ	600	10
オムライス	800	8
スープ	300	15

値段が500円以上は？
残数が10個以上は？

この「メニュー」テーブルより、「値段が500円以上」で「残数が10個以上」のレコードを取得するSQLを考えてみましょう。

この条件を満たすレコードは、次のとおりです。

メニュー名	値段	残数
ハンバーグ	600	10
オムライス	800	8
スープ	300	15

値段が500円以上は？
「ハンバーグ」「オムライス」

残数が10個以上は？
「ハンバーグ」「スープ」

「値段が500円以上」と「残数が10個以上」の条件を同時に満たすレコードは、「ハンバーグ」ですね、SQLは、次のとおりです。

```
SELECT * FROM メニュー WHERE 値段 >= 500 AND 残数 >= 10;
```

このSQLの実行結果は、次のとおりです。

```
mysql> SELECT * FROM メニュー WHERE 値段 >= 500 AND
 残数 >= 10; Enter
+-----------+------+------+
| メニュー名     | 値段  | 残数  |
+-----------+------+------+
| ハンバーグ     |  600 |   10 |
+-----------+------+------+
1 row in set (0.02 sec)
```

見事、「ハンバーグ」だけを取得することができました。

本項では、どちらの条件も満たす場合のみ取得する方法で、**AND条件**と呼ばれています。次節では、いずれかの条件を満たす場合に取得する、**OR条件**について、説明します。

AND条件とOR条件は、非常に重要です。ここで、しっかりと覚えておきましょう。

いずれかの条件を満たす場合に取得する(OR条件)

さて、今度は指定した条件のうち、いずれかを満たすレコードを取得するSQLを見てみましょう。これを、OR条件といいます。

前節のAND条件では、条件を指定すればするほど、取得されるレコードは減っていくイメージでしたね。たとえば、「値段が500円以上」と「残数が10個以上」の条件を同時に満たすレコードは、「ハンバーグ」でした。

これを「値段が500円以上」と「残数が10個以上」の条件のいずれかを満たすレコードとなると、「ハンバーグ」「オムライス」「スープ」の3つが該当します。

メニュー名	値段	残数
ハンバーグ	600	10
オムライス	800	8
スープ	300	15

これは、「値段が500円以上」のレコード、もしくは「残数が10個以上」のレコードのいずれかを取得した結果です。これが、OR条件です。

```
WHERE[ 条件式1] OR[ 条件式2]
```

SQLで例を見てみましょう。「メニュー」テーブルより、「値段が500円未満(500円より少ない)」「残数が10個未満(10個より少ない)」の2つの条件のうち、いずれかを満たすレコードを取得してみましょう。

これを満たすレコードは、次の図のように、「オムライス」と「スープ」ですね。

OR条件は、いずかの条件を満たせばOK

メニュー

メニュー名	値段	残数
ハンバーグ	600	10
オムライス	800	8
スープ	300	15

値段が500円未満（500円より少ない）
残数が10個未満（10個より少ない）

SQLは、次のようになります。

```
SELECT * FROM メニュー WHERE 値段 < 500 OR 残数 < 10;
```

このSQLを実行すると、次のような結果が得られます。

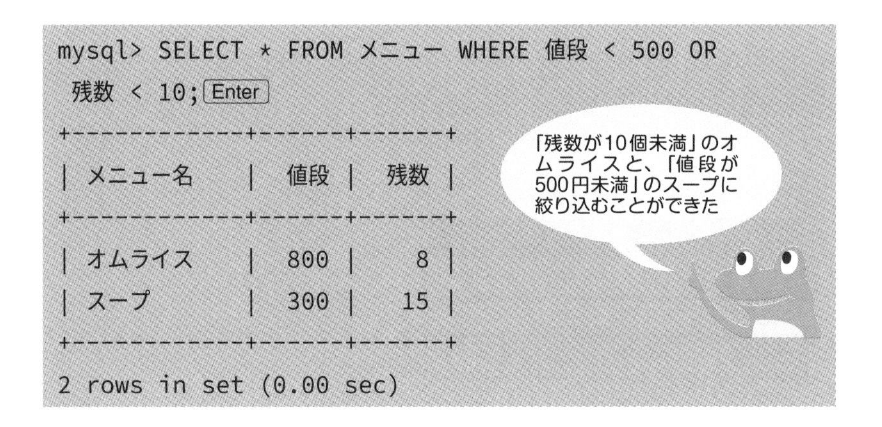

```
mysql> SELECT * FROM メニュー WHERE 値段 < 500 OR
 残数 < 10; Enter
+------------+------+------+
| メニュー名   | 値段 | 残数 |
+------------+------+------+
| オムライス   |  800 |    8 |
| スープ       |  300 |   15 |
+------------+------+------+
2 rows in set (0.00 sec)
```


AND条件とOR条件の優先順位について

ここまでAND条件とOR条件について、説明しました。AND条件とOR条件は、組み合わせて使用することが可能なのですが、AND条件とOR条件には、優先順位があります。

「社員」テーブル

社員コード	社員名	性別	生年月日	血液型	部門コード	役職コード	上司社員コード
101	青木　信玄	男	1964/09/05	A	2	1	NULL
102	川本　夏鈴	女	1965/01/12	O	1	1	NULL
103	岡田　雅宣	男	1979/01/10	B	3	1	NULL
104	坂東　理恵	女	1979/07/26	O	1	2	102
105	安達　更紗	女	1979/09/13	B	2	2	101
106	森島　春美	女	1981/02/12	AB	3	3	103
107	五味　昌幸	男	1983/06/14	A	3	NULL	106
108	新井　琴美	女	1985/07/13	O	1	NULL	104
109	森本　昌也	男	1995/05/21	B	2	NULL	105
110	古橋　明憲	男	1996/01/20	O	3	NULL	106

「社員」テーブルより、「社員コードが103以下、もしくは社員コードが108以上」かつ「血液型がA、もしくは血液型がB」の社員を取得するSQLを考えてみましょう。

「社員」テーブル

社員コード	社員名	血液型
101	青木　信玄	A
102	川本　夏鈴	O
103	岡田　雅宣	B
104	坂東　理恵	O
105	安達　更紗	B
106	森島　春美	AB
107	五味　昌幸	A
108	新井　琴美	O
109	森本　昌也	B
110	古橋　明憲	O

社員コードが103以下もしくは
社員コードが108以上
かつ
血液型がAもしくは
血液型がB

さて、この条件を満たすデータを取得するSQLはどのようになるか、考えてみてください。次のようなSQLを思い浮かべた方もいらっしゃるのではないでしょうか？

```
SELECT 社員コード, 社員名, 血液型 FROM 社員
WHERE  社員コード <= 103 OR 社員コード >= 108
AND    血液型 = 'A' OR 血液型 = 'B';
```

だいぶ惜しいですが、このSQLでは、期待どおりの結果を得ることができません。実際、このSQLを実行してみると、次のような結果となります。

```
mysql> SELECT  社員コード, 社員名, 血液型 FROM 社員 Enter
    -> WHERE   社員コード <= 103 OR 社員コード >= 108 Enter
    -> AND     血液型 = 'A' OR 血液型 = 'B'; Enter
+------------+------------+--------+
| 社員コード | 社員名     | 血液型 |
+------------+------------+--------+
|        101 | 青木　信玄 | A      |
|        102 | 川本　夏鈴 | O      |
|        103 | 岡田　雅宣 | B      |
|        105 | 安達　更紗 | B      |
|        109 | 森本　昌也 | B      |
+------------+------------+--------+
5 rows in set (0.00 sec)
```


社員コードが「105」の社員や、血液型が「O」の社員までが抽出されてしまいました。なぜでしょう。

これが、AND条件とOR条件の優先順位です。AND条件とOR条件は、先に**AND条件を処理する**という決まりがあります。つまり、先ほどのSQLでは、OR条件よりもAND条件が先に実行されたため、まずは次の条件による絞り込みが行われます。

```
社員コード >= 108 AND 血液型 = 'A'
```

社員コードが「108」以上、かつ血液型が「A」のレコードですね。これに該当するレコードは、ないですね。

AND条件に合致する社員はいない

社員テーブル

社員コード	社員名	血液型
101	青木　信玄	A
102	川本　夏鈴	O
103	岡田　雅宣	B
104	坂東　理恵	O
105	安達　更紗	B
106	森島　春美	AB
107	五味　昌幸	A
108	新井　琴美	O
109	森本　昌也	B
110	古橋　明憲	O

社員コードが「108」以上で、かつ血液型が「A」のレコードは存在しない！

この条件のあとに、さらに以下の条件による絞り込みが行われます。以下の赤字の部分ですね。

```
WHERE　社員コード <= 103 OR 社員コード >= 108
AND　 血液型 = 'A' OR 血液型 = 'B';
```

つまり、社員コードが「103」以下であれば誰でもよく、また血液型が「B」であれば誰でもよいことになります。

実際には、次のような実行結果となっていたのです。

想定外の結果となった原因

社員テーブル

社員コード	社員名	血液型
101	青木　信玄	A
102	川本　夏鈴	O
103	岡田　雅宣	B
104	坂東　理恵	O
105	安達　更紗	B
106	森島　春美	AB
107	五味　昌幸	A
108	新井　琴美	O
109	森本　昌也	B
110	古橋　明憲	O

社員コード >= 108 AND 血液型 = 'A'
を満たすレコードはないけれど、
社員コードが103以下、もしくは
血液型が「B」
ならだれでもよい

わかりやすいように、WHERE句の部分の改行の位置を変えてみました。こうすると、イメージがわきやすいですね。

```
WHERE  社員コード <= 103
OR     社員コード >= 108 AND 血液型 = 'A'
OR     血液型 = 'B';
```

では、どのようなSQLにすれば、目的とするレコードを取得することができるのでしょうか？

このような場合には、AND条件よりもOR条件を先に実行させる必要があります。AND条件よりもOR条件を先に実行させるには、次のSQLのように、カッコを使います。

```
SELECT 社員コード, 社員名, 血液型 FROM 社員
WHERE （社員コード <= 103 OR 社員コード >= 108）
AND　（血液型 = 'A' OR 血液型 = 'B');
```

カッコを付けた

さて、カッコを付けた場合のSQLの実行結果を見てみましょう。このSQLの実行結果は、次のとおりです。

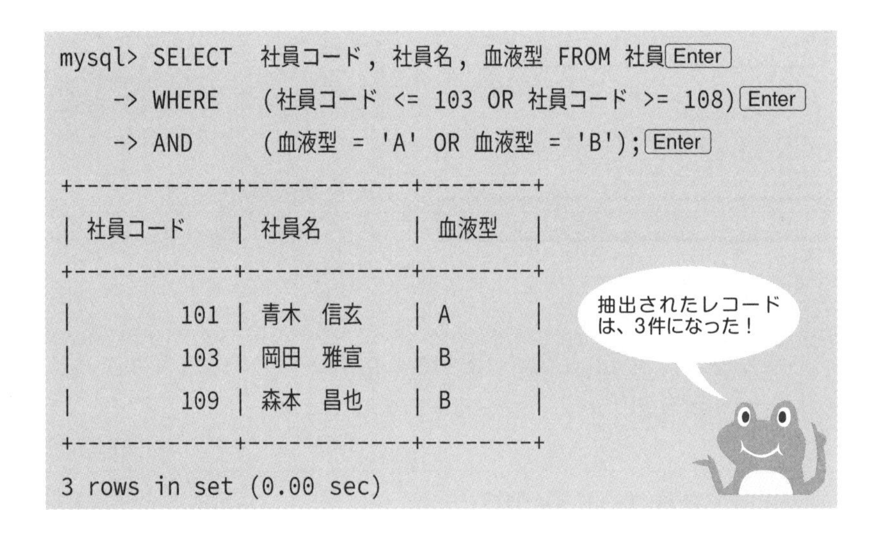

```
mysql> SELECT  社員コード, 社員名, 血液型 FROM 社員 Enter
    -> WHERE  (社員コード <= 103 OR 社員コード >= 108) Enter
    -> AND    (血液型 = 'A' OR 血液型 = 'B'); Enter
+-----------+-----------+--------+
| 社員コード | 社員名     | 血液型 |
+-----------+-----------+--------+
|       101 | 青木　信玄 | A      |
|       103 | 岡田　雅宣 | B      |
|       109 | 森本　昌也 | B      |
+-----------+-----------+--------+
3 rows in set (0.00 sec)
```


この実行結果を、本項冒頭に掲載した、取得したいレコードの結果と比較してみましょう。予定どおりの実行結果を取得することができたのを確認することができましたね。

①まず、カッコのなかの条件式を先に実行する
②AND条件を実行する
③OR条件を実行する

これで想定どおりの結果となった

社員テーブル

社員コード	社員名	血液型
101	青木　信玄	A
102	川本　夏鈴	O
103	岡田　雅宣	B
104	坂東　理恵	O
105	安達　更紗	B
106	森島　春美	AB
107	五味　昌幸	A
108	新井　琴美	O
109	森本　昌也	B
110	古橋　明憲	O

当初の予定どおりの実行結果を取得することができた！

　このように、AND条件よりもOR条件を先に実行したい場合は、該当するOR条件に対し、カッコで囲います。

　算数でも、かけ算やわり算は、足し算や引き算よりも優先して行うことを覚えていますでしょうか？　たとえば、

$1 + 2 \times 3 = 7$

です。「1 + 2」を先に行いたいのなら、

$(1 + 2) \times 3 = 9$

のように、カッコを使います。SQLのAND条件とOR条件は、それと同じですね。この優先順位は、とても重要ですので、しっかりと覚えておきましょう！

値を範囲指定する

「社員」テーブルより、社員コードが「104」以上「107」以下の社員の社員コードと社員名を取得するSQLを考えてみましょう。

「社員」テーブル

社員コード	社員名	性別	生年月日	血液型	部門コード	役職コード	上司社員コード
101	青木　信玄	男	1964/09/05	A	2	1	NULL
102	川本　夏鈴	女	1965/01/12	O	1	1	NULL
103	岡田　雅宣	男	1979/01/10	B	3	1	NULL
104	坂東　理恵	女	1979/07/26	O	1	2	102
105	安達　更紗	女	1979/09/13	B	2	2	101
106	森島　春美	女	1981/02/12	AB	3	3	103
107	五味　昌幸	男	1983/06/14	A	3	NULL	106
108	新井　琴美	女	1985/07/13	O	1	NULL	104
109	森本　昌也	男	1995/05/21	B	2	NULL	105
110	古橋　明憲	男	1996/01/20	O	3	NULL	106

抽出結果が、次のようになれば正解です。

こうなれば正解

抽出結果

社員コード	社員名
104	坂東　理恵
105	安達　更紗
106	森島　春美
107	五味　昌幸

社員コードが104以上、107以下だね

このSQLは、かんたんですね。次のようなSQLを思い浮かべたのではないでしょうか？

```
SELECT 社員コード, 社員名 FROM 社員
WHERE 社員コード >= 104 AND 社員コード <= 107;
```

このSQLで、もちろん正解なのですが、次のように「BETWEEN」を用いた次の構文で表すこともできます。

書式

```
[カラム名] BETWEEN [値1] AND [値2]
```

たとえば、先ほどのSQLは次のように表すことができます。

```
SELECT 社員コード, 社員名 FROM 社員
WHERE 社員コード BETWEEN 104 AND 107;
```

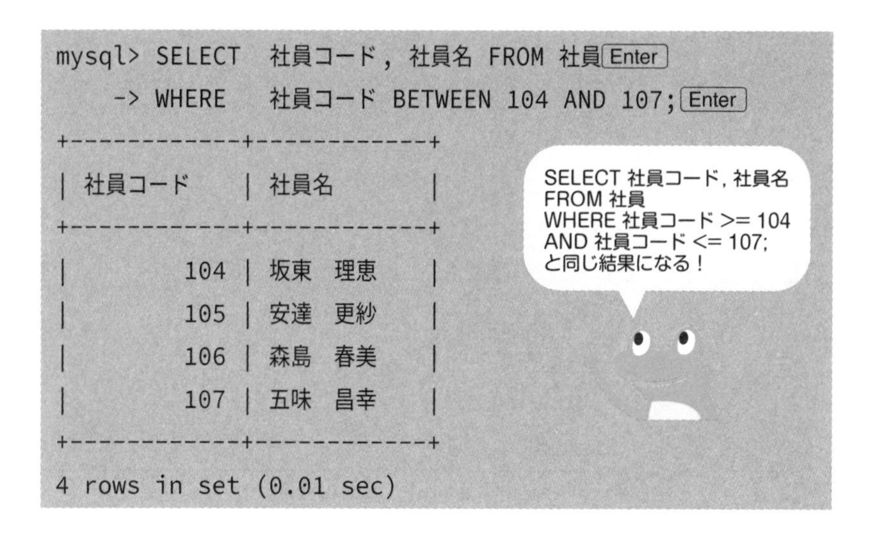

```
mysql> SELECT  社員コード, 社員名 FROM 社員 Enter
    -> WHERE  社員コード BETWEEN 104 AND 107; Enter
+------------+------------+
| 社員コード  | 社員名      |
+------------+------------+
|        104 | 坂東　理恵  |
|        105 | 安達　更紗  |
|        106 | 森島　春美  |
|        107 | 五味　昌幸  |
+------------+------------+
4 rows in set (0.01 sec)
```


このように、範囲指定は「BETWEEN」を用いて表すことができます。「BETWEEN」を用いた方が、範囲指定されていることが直感的にわかりやすいので、使えるときは積極的に使いましょう。

文字列のあいまい検索

SQLでは、「社員のなかに、"安達"という苗字の社員がいたはずなのだけど、名前は何だったっけ？」というような検索を行うことができます。これを**あいまい検索**といいます。

SQLであいまい検索を行う際の構文は、次のとおりです。

書式

［カラム名］LIKE '%［文字列］%'

「%」で文字列を囲う！

この構文は、文字列のあいまい検索のなかでも、「部分一致」に該当します。文字列のあいまい検索には、「部分一致」「前方一致」「後方一致」の3種類があります。

部分一致	検索する文字列がどこに含まれていても抽出の対象となる
前方一致	検索する文字列が前方に含まれている場合のみ
後方一致	検索する文字列が後方に含まれている場合のみ

ちょっとわかりづらいですが、社員テーブルから"安達"という苗字の社員を探す場合は、前方一致となります。その場合、"安達太郎"でも"安達花子"でも抽出対象となりますが、"高安達夫"のように前方が一致しない場合は抽出対象とはなりません。

前方一致の場合は、次のように、「%」(パーセント)を前方に含めません。

［カラム名］LIKE '［文字列］%'

「%」が前についていない！

逆に、後方一致の場合は、「%」を後方に含めません。

```
［カラム名］LIKE '%［文字列］'
```

「%」が後ろについていない！

“高安達夫”を抽出対象にするなら、部分一致による検索を行う必要があります。

さて、社員テーブルから“安達”という苗字の社員を探すSQLをみてみましょう。SQLは、次のとおりです。

```
SELECT 社員名 FROM 社員 WHERE 社員名 LIKE '安達%';
```

このSQLの実行結果は、次のとおりです。

```
mysql> SELECT 社員名 FROM 社員 WHERE 社員名 LIKE '安達%'; Enter
+------------+
| 社員名     |
+------------+
| 安達　更紗 |
+------------+
1 row in set (0.00 sec)
```


社員テーブルをみると、「安達」という苗字の社員は社員コード「105」の「安達　更紗」さんだけですので、バッチリですね。

「安達」さんは1人だけ

社員テーブル

社員コード	社員名	性別	生年月日	血液型	部門コード	役職コード	上司社員コード
101	青木　信玄	男	1964/09/05	A	2	1	NULL
102	川本　夏鈴	女	1965/01/12	O	1	1	NULL
103	岡田　雅宣	男	1979/01/10	B	3	1	NULL
104	坂東　理恵	女	1979/07/26	O	1	2	102
105	安達　更紗	女	1979/09/13	B	2	2	101
106	森島　春美	女	1981/02/12	AB	3	3	103
107	五味　昌幸	男	1983/06/14	A	3	NULL	106
108	新井　琴美	女	1985/07/13	O	1	NULL	104
109	森本　昌也	男	1995/05/21	B	2	NULL	105
110	古橋　明憲	男	1996/01/20	O	3	NULL	106

指定した複数の値に合致するデータのみを取得する

100ページでは、値の範囲を指定してデータを取得する方法(BETWEEN)について、説明しました。本節では、値を複数して、その値のいずれかに合致するデータのみを取得する方法について、説明します。このように、指定した複数の値に合致するデータのみを取得するには、次のようにします。

```
[カラム名] IN ([値1], [値2], …)
```

指定する値ごとに、「,」(カンマ)で区切って後ろに続けます。例として、「社員」テーブルより社員コードが「101」「105」「109」の社員の社員コードと社員名を取得する例を見てみましょう。

「社員」テーブル

社員コード	社員名	性別	生年月日	血液型	部門コード	役職コード	上司社員コード
101	青木　信玄	男	1964/09/05	A	2	1	NULL
102	川本　夏鈴	女	1965/01/12	O	1	1	NULL
103	岡田　雅宣	男	1979/01/10	B	3	1	NULL
104	坂東　理恵	女	1979/07/26	O	1	2	102
105	安達　更紗	女	1979/09/13	B	2	2	101
106	森島　春美	女	1981/02/12	AB	3	3	103
107	五味　昌幸	男	1983/06/14	A	3	NULL	106
108	新井　琴美	女	1985/07/13	O	1	NULL	104
109	森本　昌也	男	1995/05/21	B	2	NULL	105
110	古橋　明憲	男	1996/01/20	O	3	NULL	106

範囲指定ではないので、
BETWEENは使えない

このような場合は、
INを使う!

前ページの図のように、取得したい値を範囲指定することはできないですので、BETWEENは使えませんね。

SQLは、INを用いて、次のようになります。

```
SELECT 社員コード, 社員名
FROM   社員
WHERE  社員コード IN (101, 105, 109);
```

このように、INの後ろのカッコのなかに、「101」「105」「109」の3つの値を指定します。

では、このSQLで目的とする結果を得られるか、実行してみましょう。このSQLの実行結果は、次のとおりです。

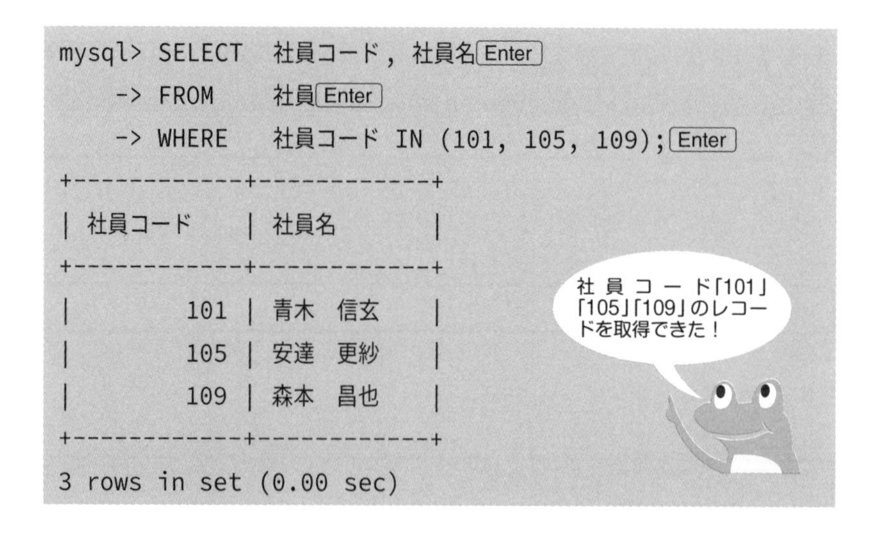

```
mysql> SELECT  社員コード, 社員名 Enter
    -> FROM    社員 Enter
    -> WHERE   社員コード IN (101, 105, 109); Enter
+------------+------------+
| 社員コード | 社員名     |
+------------+------------+
|        101 | 青木 信玄  |
|        105 | 安達 更紗  |
|        109 | 森本 昌也  |
+------------+------------+
3 rows in set (0.00 sec)
```


うまくいきましたね。もちろん、次のSQLでも、同じ結果が得られます。ただ、INを使った方がわかりやすいのは言うまでもありません。

```
SELECT  社員コード, 社員名 FROM 社員
WHERE   社員コード = 101
OR      社員コード = 105
OR      社員コード = 109;
```

社員コード「101」「105」「109」をORでつないでも同じ結果となる

行を絞り込んで取得する

問題1(レベル：むずかしい)

「社員」テーブルより、「性別」が“男”で「血液型」が“A”の社員、もしくは「性別」が“女”で「血液型」が“O”の社員の「社員コード」「社員名」「性別」「血液型」を取得するSQLを書きなさい。

「社員」テーブル

社員コード	社員名	性別	生年月日	血液型	部門コード	役職コード	上司社員コード
101	青木　信玄	男	1964/09/05	A	2	1	NULL
102	川本　夏鈴	女	1965/01/12	O	1	1	NULL
103	岡田　雅宣	男	1979/01/10	B	3	1	NULL
104	坂東　理恵	女	1979/07/26	O	1	2	102
105	安達　更紗	女	1979/09/13	B	2	2	101
106	森島　春美	女	1981/02/12	AB	3	3	103
107	五味　昌幸	男	1983/06/14	A	3	NULL	106
108	新井　琴美	女	1985/07/13	O	1	NULL	104
109	森本　昌也	男	1995/05/21	B	2	NULL	105
110	古橋　明憲	男	1996/01/20	O	3	NULL	106

問題2(レベル：ふつう)

「社員」テーブルより、1970年代生まれの社員の「社員コード」「社員名」「生年月日」を取得するSQLを書きなさい。

「社員」テーブル

社員コード	社員名	性別	生年月日	血液型	部門コード	役職コード	上司社員コード
101	青木　信玄	男	1964/09/05	A	2	1	NULL
102	川本　夏鈴	女	1965/01/12	O	1	1	NULL

103	岡田　雅宣	男	1979/01/10	B	3	1	NULL
104	坂東　理恵	女	1979/07/26	O	1	2	102
105	安達　更紗	女	1979/09/13	B	2	2	101
106	森島　春美	女	1981/02/12	AB	3	3	103
107	五味　昌幸	男	1983/06/14	A	3	NULL	106
108	新井　琴美	女	1985/07/13	O	1	NULL	104
109	森本　昌也	男	1995/05/21	B	2	NULL	105
110	古橋　明憲	男	1996/01/20	O	3	NULL	106

ヒント

1970年代生まれは、生年月日が“1970/01/01”から、“1979/12/31”までの範囲指定で求めることができます。

問題3(レベル：やさしい)

「社員」テーブルより、「社員名」に“昌”という文字のある社員の「社員コード」「社員名」を取得するSQLを書きなさい。

「社員」テーブル

社員コード	社員名	性別	生年月日	血液型	部門コード	役職コード	上司社員コード
101	青木　信玄	男	1964/09/05	A	2	1	NULL
102	川本　夏鈴	女	1965/01/12	O	1	1	NULL
103	岡田　雅宣	男	1979/01/10	B	3	1	NULL
104	坂東　理恵	女	1979/07/26	O	1	2	102
105	安達　更紗	女	1979/09/13	B	2	2	101
106	森島　春美	女	1981/02/12	AB	3	3	103
107	五味　昌幸	男	1983/06/14	A	3	NULL	106
108	新井　琴美	女	1985/07/13	O	1	NULL	104
109	森本　昌也	男	1995/05/21	B	2	NULL	105
110	古橋　明憲	男	1996/01/20	O	3	NULL	106

ヒント

あいまい検索のうち、「部分一致」に該当する検索ですね。

問題4（レベル：かんたん）

「社員」テーブルより、「社員コード」が“103”、“106”、“109”のいずれかに該当する社員の「社員コード」「社員名」を取得するSQLを書きなさい。

「社員」テーブル

社員コード	社員名	性別	生年月日	血液型	部門コード	役職コード	上司社員コード
101	青木　信玄	男	1964/09/05	A	2	1	NULL
102	川本　夏鈴	女	1965/01/12	O	1	1	NULL
103	岡田　雅宣	男	1979/01/10	B	3	1	NULL
104	坂東　理恵	女	1979/07/26	O	1	2	102
105	安達　更紗	女	1979/09/13	B	2	2	101
106	森島　春美	女	1981/02/12	AB	3	3	103
107	五味　昌幸	男	1983/06/14	A	3	NULL	106
108	新井　琴美	女	1985/07/13	O	1	NULL	104
109	森本　昌也	男	1995/05/21	B	2	NULL	105
110	古橋　明憲	男	1996/01/20	O	3	NULL	106

行を絞り込んで取得する

問題1の解説（レベル：むずかしい）

SQLは、次のとおりです。

```
SELECT  社員コード, 社員名, 性別, 血液型 FROM 社員
WHERE （性別 = '男' AND 血液型 = 'A'）
OR    （性別 = '女' AND 血液型 = 'O'）;
```

このSQLを実行すると、次のような結果が得られます。

```
mysql> SELECT  社員コード, 社員名, 性別, 血液型 FROM 社員 Enter
    -> WHERE   (性別 = '男' AND 血液型 = 'A') Enter
    -> OR      (性別 = '女' AND 血液型 = 'O'); Enter
+------------+------------+------+--------+
| 社員コード  | 社員名      | 性別 | 血液型  |
+------------+------------+------+--------+
|        101 | 青木　信玄  | 男   | A      |
|        102 | 川本　夏鈴  | 女   | O      |
|        104 | 坂東　理恵  | 女   | O      |
|        107 | 五味　昌幸  | 男   | A      |
|        108 | 新井　琴美  | 女   | O      |
+------------+------------+------+--------+
5 rows in set (0.00 sec)
```

ANDはORよりも先に処理されるので、カッコを付けなくてもOK

「性別」が“男”で「血液型」が“A”の条件と、「性別」が“女”で「血液型」が“O”の条件を、それぞれカッコでくくっていますが、AND条件はOR条件よりも先に実行されるので、カッコでくくらなくても同じ結果が得られます。

問題2の解説（レベル：ふつう）

SQLは、次のとおりです。

```
SELECT 社員コード,社員名,生年月日 FROM 社員
WHERE  生年月日 BETWEEN '1970-01-01' AND '1979-12-31';
```

このSQLを実行すると、次のような結果が得られます。

```
mysql> SELECT  社員コード, 社員名, 生年月日 FROM 社員[Enter]
    -> WHERE   生年月日 BETWEEN '1970-01-01' AND '1979-12-
31';[Enter]
+-----------+-----------+-----------+
| 社員コード  | 社員名     | 生年月日    |
+-----------+-----------+-----------+
|       103 | 岡田　雅宣 | 1979-01-10 |
|       104 | 坂東　理恵 | 1979-07-26 |
|       105 | 安達　更紗 | 1979-09-13 |
+-----------+-----------+-----------+
3 rows in set (0.00 sec)
```

BETWEENを使った場合

ヒントにも記載したとおり、1970年代生まれは、「生年月日」が“1970/01/01”から“1979/12/31”までの範囲にある社員を求めることで取得することができます。

また、BETWEENを使わずに、

```
SELECT 社員コード, 社員名, 生年月日 FROM 社員
WHERE  生年月日 >= '1970-01-01'
AND    生年月日 <= '1979-12-31';
```

BETWEENを使わなかった場合

でも正解です。

問題3の解説（レベル：やさしい）

SQLは、次のとおりです。

```
SELECT 社員コード, 社員名 FROM 社員
WHERE  社員名 LIKE '%昌%';
```

このSQLを実行すると、次のような結果が得られます。

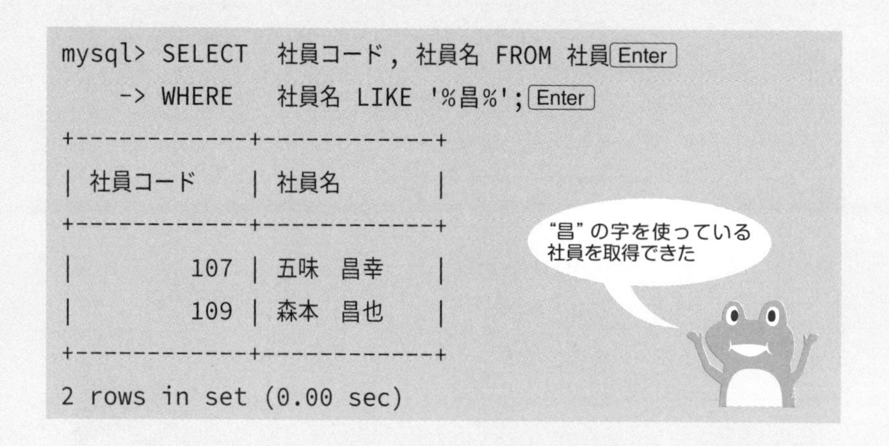

```
mysql> SELECT  社員コード, 社員名 FROM 社員[Enter]
    -> WHERE   社員名 LIKE '%昌%';[Enter]
+-----------+-----------+
| 社員コード  | 社員名     |
+-----------+-----------+
|       107 | 五味 昌幸  |
|       109 | 森本 昌也  |
+-----------+-----------+
2 rows in set (0.00 sec)
```


これが、部分一致ですね。“昌”の字を、「%」で囲っているのがポイントです。これは、“昌”の字の前や後ろに、どのような文字があっても、もしくは文字が無くても、社員名に“昌”の字が含まれていれば、抽出対象となります。そのため、“昌谷　太郎”や“鈴木　昭昌”のように、“昌”の字から始まる文字列であっても、“昌”の字で終わる文字列であっても、抽出されます。

部分一致のほかには、前方一致と後方一致があることは、本文中にて説明しました。前方一致が“昌谷　太郎”だけを抽出対象とし、後方一致は“鈴木　昭昌”だけを抽出対象とする検索方法ですが、よく理解できない場合は、もう一度、本文をお読みください。

問題4の解説（レベル：かんたん）

SQLは、次のとおりです。

```
SELECT  社員コード, 社員名 FROM 社員
WHERE  社員コード IN (103, 106, 109);
```

このSQLを実行すると、次のような結果が得られます。

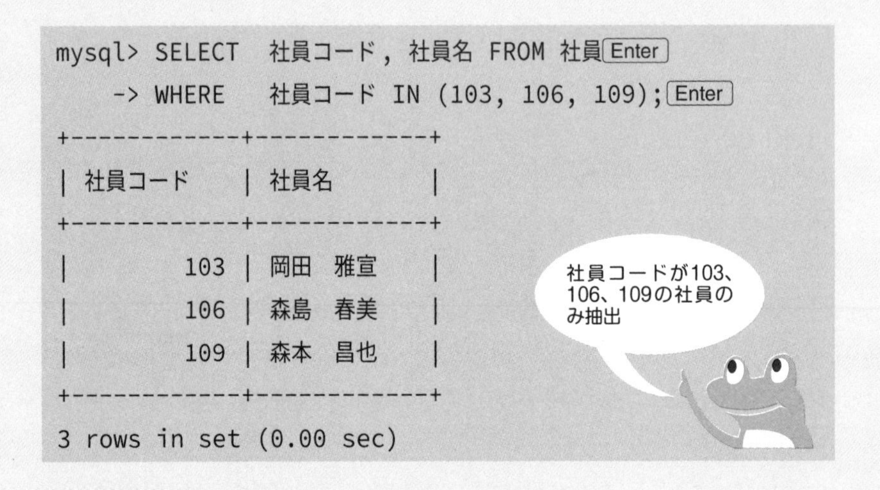

```
mysql> SELECT  社員コード, 社員名 FROM 社員 Enter
    -> WHERE  社員コード IN (103, 106, 109); Enter
+-----------+-----------+
| 社員コード   | 社員名      |
+-----------+-----------+
|       103 | 岡田 雅宣    |
|       106 | 森島 春美    |
|       109 | 森本 昌也    |
+-----------+-----------+
3 rows in set (0.00 sec)
```


INを使えば、非常にかんたんな問題でした。

もちろん、INを使わなくても解くことができます。その場合は、次のように、ORで各値の条件式をつなげます。

```
SELECT 社員コード, 社員名 FROM 社員
WHERE  社員コード = 103
OR     社員コード = 106
OR     社員コード = 109;
```

重複したデータを省いて取得する

「社員」テーブルより、どのような種類の「血液型」の社員が存在するか、調べてみましょう。

「社員」テーブル

社員コード	社員名	性別	生年月日	血液型	部門コード	役職コード	上司社員コード
101	青木　信玄	男	1964/09/05	A	2	1	NULL
102	川本　夏鈴	女	1965/01/12	O	1	1	NULL
103	岡田　雅宣	男	1979/01/10	B	3	1	NULL
104	坂東　理恵	女	1979/07/26	O	1	2	102
105	安達　更紗	女	1979/09/13	B	2	2	101
106	森島　春美	女	1981/02/12	AB	3	3	103
107	五味　昌幸	男	1983/06/14	A	3	NULL	106
108	新井　琴美	女	1985/07/13	O	1	NULL	104
109	森本　昌也	男	1995/05/21	B	2	NULL	105
110	古橋　明憲	男	1996/01/20	O	3	NULL	106

どんな血液型の社員がいるか

もっとも、「社員」テーブルには10レコードしか存在しませんので、目視確認でも十分に事足りるのですが、100レコード、1,000レコードも存在すると、目視確認はとても大変です。血液型の種類だけが必要ですので、まず思い浮かぶのが、このようなSQLでしょう。

```
SELECT 血液型 FROM 社員;
```

実行結果

血液型
A
O
B
O
B
AB
A
O
B
O

「血液型」の種類が欲しいだけなのに、全社員10レコード分表示されてしまう

「血液型」の種類だけが欲しいだけですので、重複したデータを省きたいものです。

SELECTコマンドにて、重複したデータを省いて取得したい場合は、次のように、SELECT句の後ろに**DISTINCT**を付記します。

```
SELECT DISTINCT [カラム名1], [カラム名2], … FROM [テーブル名]
```

先ほどの例でいえば、SQLを次のように書き換えるだけで、重複した「血液型」を省いた状態で取得することができます。

```
SELECT DISTINCT 血液型 FROM 社員;
```

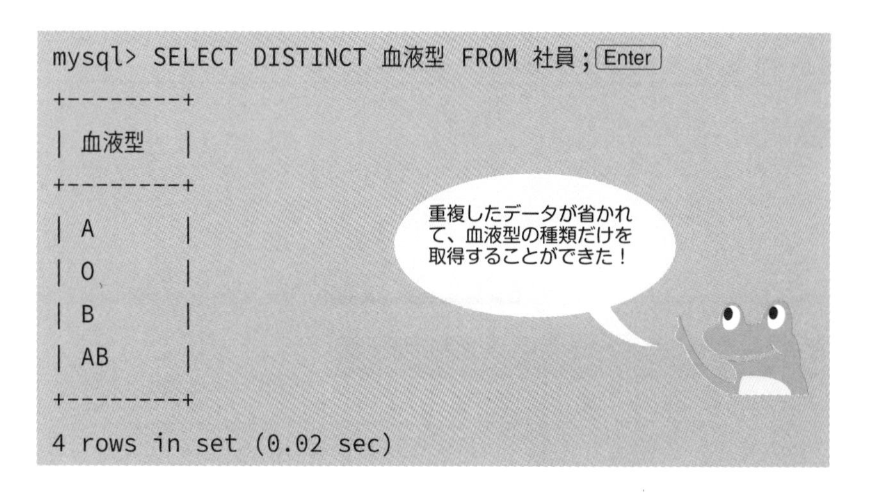

```
mysql> SELECT DISTINCT 血液型 FROM 社員;[Enter]
+--------+
| 血液型  |
+--------+
| A      |
| O      |
| B      |
| AB     |
+--------+
4 rows in set (0.02 sec)
```


ちなみに、DISTINCTの反対に、すべてのデータを取得する場合はALLを付記するか、もしくは何も付記しません。つまり、前の節までに実行していたSELECTコマンドは、ALLを省略した形だったと言えますが、ALLを明示的に付記することはありませんので、重複したデータを省く時のみ、SELECTの後ろにDISTINCTを付けましょう。

重複したデータを省いて取得する

問題1（レベル：かんたん）

「家計簿」テーブルより、「項目」にはどのような値があるのか、重複する値を省いた形でデータを取得するSQLを書きなさい。

「家計簿」テーブル

No	日付	項目	品名	金額
1	2021/3/27	食費	大根	100
2	2021/3/27	食費	豚バラ肉	300
3	2021/3/27	日用品	ティッシュ	230
4	2021/3/28	娯楽費	雑誌	700
5	2021/3/28	おやつ	ドーナツ	120

「項目」カラムにはどのような値が存在するのか、重複する値を省いた形でデータを取得する

重複した値を表示しない

重複した値は表示しない

項目
食費
食費
日用品
娯楽費
おやつ

重複した値は表示しない

項目
食費
日用品
娯楽費
おやつ

「項目」には“食費”が2つあるが、1つしか表示させないようにする

重複したデータを省いて取得する

問題１の解説（レベル：かんたん）

SQLは、次のとおりです。かんたんですね。

```
SELECT DISTINCT 項目 FROM 家計簿;
```

実行結果は、次のとおりです。

```
mysql> SELECT DISTINCT 項目 FROM 家計簿; Enter
+--------+
| 項目    |
+--------+
| 食費    |
| 日用品  |
| 娯楽費  |
| おやつ  |
+--------+
4 rows in set (0.00 sec)
```

"食費" は、1件しか表示されない

本文中でも説明しましたが、すべての値を表示する場合は、DISTINCTのかわりにALLを指定するか、何も指定しません。

```
SELECT ALL 項目 FROM 家計簿;
```

実行結果は、重複した値も含めて表示されるので、"食費"は２件、表示されます。

条件によって値を変えてデータを取得する（CASE）

本項の内容は、非常に重要です。これから説明するCASEは、1つのクエリのなかで、条件によって値を変えることができます。プログラミングの経験があれば、IF文というとわかりやすいかと思います。SQLのCASEは、IF文の役割を担います。

CASEの構文は、次のとおりです。

書式 （構文①）

```
SELECT
    CASE［式］
    WHEN［式と比較する値1］THEN［返す値1］
    WHEN［式と比較する値2］THEN［返す値2］
    …
    ELSE［返す値99］
  END
```

［式］には、カラム名や計算式などを指定します。この［式］に指定した値が、［式と比較する値］に合致した場合、［返す値］に指定した値を返します。［式と比較する値］に指定したどの値にも合致しない場合は、ELSEに指定された値（この場合は［返す値99］）を返します。

また、CASEは次のように指定することも可能です。

書式 （構文②）

```
SELECT
    CASE
    WHEN［条件式1］THEN［返す値1］
    WHEN［条件式2］THEN［返す値2］
```

```
    …
    ELSE [返す値99]
  END
```

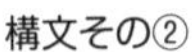

後者の式では、CASEの後ろに[式]を指定せず、WHENの後ろに[条件式]を指定しています。ここで指定した[条件式]が正しい場合、その後ろのTHENに続く[返す値]を返します。どの[条件式]にも合致しない場合は、ELSEの後ろの[返す値99]を返します。

さて、実際の例を見てみましょう。「社員」テーブルの血液型をみて、

A…几帳面、神経質
B…マイペース、自己中
O…おおらか、おおざっぱ
AB…天才肌、二重人格

という内容を合わせて表示する例を考えてみましょう。

「社員」テーブル

社員コード	社員名	性別	生年月日	血液型	部門コード	役職コード	上司社員コード
101	青木　信玄	男	1964/09/05	A	2	1	NULL
102	川本　夏鈴	女	1965/01/12	O	1	1	NULL
103	岡田　雅宣	男	1979/01/10	B	3	1	NULL
104	坂東　理恵	女	1979/07/26	O	1	2	102
105	安達　更紗	女	1979/09/13	B	2	2	101
106	森島　春美	女	1981/02/12	AB	3	3	103
107	五味　昌幸	男	1983/06/14	A	3	[illegible]	[illegible]
108	新井　琴美	女	1985/07/13	O	1	[illegible]	[illegible]
109	森本　昌也	男	1995/05/21	B	2	[illegible]	[illegible]
110	古橋　明憲	男	1996/01/20	O	3	NULL	[illegible]

血液型にあわせて、表示するメッセージを変える

表示したい内容は、次のとおりです。

血液型にあった性格を表示

社員コード	社員名	血液型	性格
101	青木　信玄	A	几帳面、神経質
102	川本　夏鈴	O	おおらか、おおざっぱ
103	岡田　雅宣	B	マイペース、自己中
104	坂東　理恵	O	おおらか、おおざっぱ
105	安達　更紗	B	マイペース、自己中
106	森島　春美	AB	天才肌、二重人格
107	五味　昌幸	A	几帳面、神経質
108	新井　琴美	O	おおらか、おおざっぱ
109	森本　昌也	B	マイペース、自己中
110	古橋　明憲	O	おおらか、おおざっぱ

血液型に「性格」というカラムで血液型ごとの性格を表示

SQLは、次のようになります。

```
SELECT
  社員コード,
  社員名,
  CASE 血液型
    WHEN 'A' THEN '几帳面、神経質'
    WHEN 'B' THEN 'マイペース、自己中'
    WHEN 'O' THEN 'おおらか、おおざっぱ'
    WHEN 'AB' THEN '天才肌、二重人格'
  END AS 性格
FROM 社員;
```

ELSEを付けていないので、A、B、O、AB以外の血液型の場合は性格がわからない(NULLになる)

このSQLの実行結果は、次のとおりです。

```
mysql> SELECT Enter
    ->        社員コード, Enter
    ->        社員名, Enter
    ->        CASE 血液型 Enter
    ->            WHEN 'A' THEN '几帳面、神経質' Enter
    ->            WHEN 'B' THEN 'マイペース、自己中' Enter
    ->            WHEN 'O' THEN 'おおらか、おおざっぱ' Enter
    ->            WHEN 'AB' THEN '天才肌、二重人格' Enter
    ->        END AS 性格 Enter
    -> FROM 社員; Enter
+------------+-----------+--------------------+
| 社員コード | 社員名    | 性格               |
+------------+-----------+--------------------+
|        101 | 青木　信玄 | 几帳面、神経質     |
|        102 | 川本　夏鈴 | おおらか、おおざっぱ |
|        103 | 岡田　雅宣 | マイペース、自己中  |
|        104 | 坂東　理恵 | おおらか、おおざっぱ |
|        105 | 安達　更紗 | マイペース、自己中  |
|        106 | 森島　春美 | 天才肌、二重人格    |
|        107 | 五味　昌幸 | 几帳面、神経質     |
|        108 | 新井　琴美 | おおらか、おおざっぱ |
|        109 | 森本　昌也 | マイペース、自己中  |
|        110 | 古橋　明憲 | おおらか、おおざっぱ |
+------------+-----------+--------------------+
10 rows in set (0.00 sec)
```

ASを付けるとカラムに別名を付けることができる！

ENDの後ろにASというキーワードがありますが、抽出結果のカラムに別名を付けるためのものです。この場合は、CASEによって抽出された内容に、「性格」というカラムの別名を付けています。

条件によって値を変えてデータを取得する（CASE）

問題1（レベル：ふつう）

本文中では、血液型に該当する性格を表示するSQLを紹介しました。その際、次のようなSQLを使いました。

```
SELECT
  社員コード,
  社員名,
  CASE 血液型
    WHEN 'A' THEN '几帳面、神経質'
    WHEN 'B' THEN 'マイペース、自己中'
    WHEN 'O' THEN 'おおらか、おおざっぱ'
    WHEN 'AB' THEN '天才肌、二重人格'
  END AS 性格
FROM 社員;
```

CASEの後ろに血液型を指定している。本文中の「構文①」の例

これは、構文①で作成したSQLですね。では、構文②で同じ内容を取得するSQLを作成するには、どのようにすればよいでしょうか？

ヒント

構文①では、CASEの後ろにカラムを指定し、WHENの後ろに値を指定しました。構文②では、CASEの後ろに何も指定せず、WHENの後ろに条件式を指定します。つまり、WHENの後ろに、「血液型が'A'と等しい場合」「血液型が'B'と等しい場合」のように、指定する必要があります。

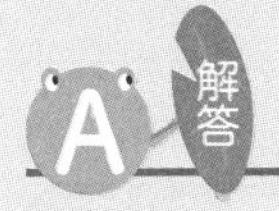

条件によって値を変えてデータを取得する（CASE）

問題1の解説（レベル：ふつう）

SQLは、次のとおりです。

CASEの後ろには何も指定せず、WHENの後ろに条件式を指定

```
mysql> SELECT Enter
    ->      社員コード, Enter
    ->      社員名, Enter
    ->      CASE Enter
    ->          WHEN 血液型 = 'A' THEN '几帳面、神経質' Enter
    ->          WHEN 血液型 = 'B' THEN 'マイペース、自己中' Enter
    ->          WHEN 血液型 = 'O' THEN 'おおらか、おおざっぱ' Enter
    ->          WHEN 血液型 = 'AB' THEN '天才肌、二重人格' Enter
    ->      END AS 性格 Enter
    -> FROM 社員; Enter
+------------+-----------+---------------------+
| 社員コード | 社員名    | 性格                |
+------------+-----------+---------------------+
|        101 | 青木　信玄 | 几帳面、神経質      |
|        102 | 川本　夏鈴 | おおらか、おおざっぱ |
|        103 | 岡田　雅宣 | マイペース、自己中   |
|        104 | 坂東　理恵 | おおらか、おおざっぱ |
|        105 | 安達　更紗 | マイペース、自己中   |
|        106 | 森島　春美 | 天才肌、二重人格    |
|        107 | 五味　昌幸 | 几帳面、神経質      |
|        108 | 新井　琴美 | おおらか、おおざっぱ |
|        109 | 森本　昌也 | マイペース、自己中   |
|        110 | 古橋　明憲 | おおらか、おおざっぱ |
+------------+-----------+---------------------+
10 rows in set (0.01 sec)
```

実行結果は、本文中のものとまったく同じだね

Chapter 02

データを追加する

データを1行追加する

データを取得するSELECTコマンドに続いて、今度はデータを追加するINSERTコマンドについて、説明します。

INSERTコマンドの構文は、以下のようになっています。

書式

```
INSERT INTO [テーブル名]
([カラム名1], [カラム名2], …) VALUES
([値1], [値2], …);
```

“INSERT INTO”の後ろにレコードを追加する対象となるテーブル名を、さらにその後ろにカッコを付けて、テーブルに存在する[カラム名]を付け、VALUES句の後ろに、[カラム名]で指定した順番どおりに[値]をセットします。

また、[カラム名]の指定を省き、次のようにすることも可能です。

```
INSERT INTO [テーブル名] VALUES
([値1], [値2], …);
```

後者の構文は、[カラム名]の指定がないため、テーブルに存在するすべてのカラムを順番どおり、VALUES句の後ろに指定する必要があります。

ただ、基本的には[カラム名]の指定を行う前者の構文を使うことをお勧めします。その理由としては、たとえばテーブルに新たなカラムを追加した場合、前者の構文では新たなカラムはNULLとしてデータが保存されますが、後者の構文ではエラーとなります。また、SQL Serverの場合、データベース間で同期をとるレプリケーションという機能を利用している場合、カラム名の指定がない構文ではエラーが発生します。

では、「家計簿」テーブルに、新たなレコードを追加する例を見てみましょう。

「家計簿」テーブル

No	日付	項目	品名	金額
1	2021/3/27	食費	大根	100
2	2021/3/27	食費	豚バラ肉	300
3	2021/3/27	日用品	ティッシュ	230
4	2021/3/28	娯楽費	雑誌	700
5	2021/3/28	おやつ	ドーナツ	120

このテーブルに対し、次のようなレコードを追加する例を見てみましょう。

「家計簿」テーブルに追加するデータ

No	日付	項目	品名	金額
6	2021/3/29	食費	キャベツ	130

このレコードを
追加する

SQLは、次のようになります。

```
INSERT INTO 家計簿 (No, 日付, 項目, 品名, 金額) VALUES
(6, '2021-3-29', '食費', 'キャベツ', 130);
```

このSQLを実行すると、次のようになります。

```
mysql> INSERT INTO 家計簿 (No, 日付, 項目, 品名, 金額) VALUES Enter
    -> (6, '2021-3-29', '食費', 'キャベツ', 130); Enter
Query OK, 1 row affected (0.01 sec)
```

カラム名を指定した場合

さて、それではレコードが正しく追加されているかどうか、SELECTコマンドで確認してみましょう。

```
mysql> SELECT * FROM 家計簿; Enter
+----+------------+--------+------------+------+
| No | 日付       | 項目   | 品名       | 金額 |
+----+------------+--------+------------+------+
|  1 | 2021-03-27 | 食費   | 大根       |  100 |
|  2 | 2021-03-27 | 食費   | 豚バラ肉   |  300 |
|  3 | 2021-03-27 | 日用品 | ティッシュ |  230 |
|  4 | 2021-03-28 | 娯楽費 | 雑誌       |  700 |
|  5 | 2021-03-28 | おやつ | ドーナツ   |  120 |
|  6 | 2021-03-29 | 食費   | キャベツ   |  130 |
+----+------------+--------+------------+------+
6 rows in set (0.00 sec)
```

ここに追加されている！

「No」カラムが「6」のレコードが追加されているのを確認することができました。このINSERTコマンドは、カラム名の指定を省いた構文の場合、次のようになります。

```
INSERT INTO 家計簿 VALUES (6, '2021-3-29', '食費', 'キャベツ', 130);
```

このINSERTコマンドでも、同じように「No」が「6」のレコードを追加することができます。ただし、上述のとおり、多少面倒でもカラム名の指定を行うINSERTコマンドを普段から使うことをお勧めします。

さて、これで現状、「家計簿」テーブルは次のとおり、6件のレコードが存在する状態となりました。

「家計簿」テーブル

No	日付	項目	品名	金額
1	2021/3/27	食費	大根	100
2	2021/3/27	食費	豚バラ肉	300
3	2021/3/27	日用品	ティッシュ	230
4	2021/3/28	娯楽費	雑誌	700
5	2021/3/28	おやつ	ドーナツ	120
6	2021/3/29	食費	キャベツ	130

今回、追加したレコード

本項では、INSERTコマンド1回について、レコードを1件追加する方法を説明しましたが、INSERTコマンド1回で、複数件のレコードを追加する方法もあります。

次項では、その方法について、説明します。

データを1件追加する

問題1（レベル：かんたん）

次のような「メニュー」テーブルが存在します。

「メニュー」テーブル

メニュー名	値段	残数
ハンバーグ	600	10
オムライス	800	8
スープ	300	15

この「メニュー」テーブルに対し、以下のレコードを追加するSQLを書きなさい。

追加するレコード

メニュー名	値段	残数
ドリンク	100	30

ヒント

カラム名を指定してレコードを追加する方法と、カラム名を指定せずにレコードを追加する方法が2とおりあることは、すでに説明ずみですね。できれば、カラム名を指定する方法と、カラム名を指定せずにレコードを追加する方法の2つを考えてみましょう。

データを１件追加する

問題１の解説（レベル：かんたん）

SQLは、次のとおりです。

```
INSERT INTO メニュー（メニュー名, 値段, 残数）
VALUES ('ドリンク', 100, 30);
```

また、カラム名を指定せず、次のようにすることも可能です。

```
INSERT INTO メニュー VALUES ('ドリンク', 100, 30);
```

このSQLを実行すると、次のようになります。

```
mysql> INSERT INTO メニュー (メニュー名, 値段, 残数) Enter
    -> VALUES ('ドリンク', 100, 30); Enter
Query OK, 1 row affected (0.03 sec)
```

SELECTコマンドで確認すると、「ドリンク」が追加されています。

```
mysql> SELECT * FROM メニュー;
+------------+------+------+
| メニュー名   | 値段  | 残数  |
+------------+------+------+
| ハンバーグ    |  600 |   10 |
| オムライス    |  800 |    8 |
| スープ       |  300 |   15 |
| ドリンク     |  100 |   30 |
+------------+------+------+
4 rows in set (0.00 sec)
```

データをまとめて追加する

前項では、データを1件ずつ追加する方法について説明しましたが、本項では、複数のデータをまとめて追加する方法について、説明します。

複数のデータをまとめて追加するには、INSERTコマンドを次のように指定します。

書式

```
INSERT INTO [テーブル名]([カラム名1],[カラム名2],…)
VALUES
([値1],[値2],…),
([値1],[値2],…),
…
([値1],[値2],…);
```

VALUES句以降の値の指定を、「,」(カンマ)で区切って複数レコード指定します

つまり、VALUES句以下の値の指定の部分を、追加したいレコードの数だけ指定します。これは、カラム名を指定しない構文にも適用可能です。

書式

```
INSERT INTO [テーブル名] VALUES
([値1],[値2],…),
([値1],[値2],…),
…
([値1],[値2],…);
```

カラム名を指定しない構文にも適用可能

それでは、例を見てみましょう。「家計簿」テーブルに、次のようなレコードをまとめて追加してみます。

「家計簿」テーブルに追加するデータ

No	日付	項目	品名	金額
7	2021/3/30	娯楽費	知恵の輪	220
8	2021/3/30	食費	弁当	480
9	2021/3/30	日用品	歯ブラシ	100
10	2021/3/30	おやつ	ケーキ	480

この4件のレコードをまとめて追加する

この4件のレコードをまとめて追加するINSERTコマンドは、次のとおりです。

```
INSERT INTO 家計簿（No, 日付, 項目, 品名, 金額）VALUES
(7, '2021-3-30', '娯楽費', '知恵の輪', 220),
(8, '2021-3-30', '食費', '弁当', 480),
(9, '2021-3-30', '日用品', '歯ブラシ', 100),
(10, '2021-3-30', 'おやつ', 'ケーキ', 480);
```

カラム名の指定がある場合

このSQLを実行すると、次のようになります。

```
mysql> INSERT INTO 家計簿 (No, 日付, 項目, 品名, 金額) VALUES Enter
    -> (7, '2021-3-30', '娯楽費', '知恵の輪', 220), Enter
    -> (8, '2021-3-30', '食費', '弁当', 480), Enter
    -> (9, '2021-3-30', '日用品', '歯ブラシ', 100), Enter
    -> (10, '2021-3-30', 'おやつ', 'ケーキ', 480); Enter
Query OK, 4 rows affected (0.02 sec)
Records: 4  Duplicates: 0  Warnings: 0
```

4行が影響を受けたことが表示されています。4レコードが追加されたことを示しているカラム名の指定を省略して、次のようなSQLでも同じ結果が得られます。

```
INSERT INTO 家計簿 VALUES
(7, '2021-3-30', '娯楽費', '知恵の輪', 220),
(8, '2021-3-30', '食費', '弁当', 480),
(9, '2021-3-30', '日用品', '歯ブラシ', 100),
(10, '2021-3-30', 'おやつ', 'ケーキ', 480);
```

カラム名の指定がない場合

では、レコードが追加されているかどうか、SELECTコマンドで「家計簿」テーブルをみてみましょう。

```
mysql> SELECT * FROM 家計簿; Enter
+----+------------+--------+------------+------+
| No | 日付       | 項目   | 品名       | 金額 |
+----+------------+--------+------------+------+
|  1 | 2021-03-27 | 食費   | 大根       |  100 |
|  2 | 2021-03-27 | 食費   | 豚バラ肉   |  300 |
|  3 | 2021-03-27 | 日用品 | ティッシュ |  230 |
|  4 | 2021-03-28 | 娯楽費 | 雑誌       |  700 |
|  5 | 2021-03-28 | おやつ | ドーナツ   |  120 |
|  6 | 2021-03-29 | 食費   | キャベツ   |  130 |
|  7 | 2021-03-30 | 娯楽費 | 知恵の輪   |  220 |
|  8 | 2021-03-30 | 食費   | 弁当       |  480 |
|  9 | 2021-03-30 | 日用品 | 歯ブラシ   |  100 |
| 10 | 2021-03-30 | おやつ | ケーキ     |  480 |
+----+------------+--------+------------+------+
10 rows in set (0.00 sec)
```

「No」が「7」以上のレコードが追加された

このSQLによって、前項で追加された「No」が「6」のレコードに加え、「家計簿」テーブルは全部で10件のレコードになりました。

「家計簿」テーブル

No	日付	項目	品名	金額
1	2021/3/27	食費	大根	100
2	2021/3/27	食費	豚バラ肉	300
3	2021/3/27	日用品	ティッシュ	230
4	2021/3/28	娯楽費	雑誌	700
5	2021/3/28	おやつ	ドーナツ	120
6	2021/3/29	食費	キャベツ	130
7	2021/3/30	娯楽費	知恵の輪	220
8	2021/3/30	食費	弁当	480
9	2021/3/30	日用品	歯ブラシ	100
10	2021/3/30	おやつ	ケーキ	480

さらに4件のレコードが追加され、「家計簿」テーブルは10件のレコードになった

以上で、INSERTコマンドの説明は終わりです。

これで、データ操作言語のうち、データを取得するSELECTコマンド、データを追加するINSERTコマンドの2つを説明しました。

次節以降では、データ操作言語の残りの2つである、データを更新するUPDATEコマンドと、データを削除するDELETEコマンドについて、説明します。

次節では、本節で「家計簿」テーブルに追加したレコードの一部のデータを更新するUPDATEコマンドについて、説明します。

データをまとめて追加する

問題1（レベル：かんたん）

次のような「メニュー」テーブルが存在します。

「メニュー」テーブル

メニュー名	値段	残数
ハンバーグ	600	10
オムライス	800	8
スープ	300	15
ドリンク	100	30

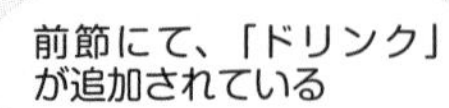

この「メニュー」テーブルに対し、以下のレコードを追加するSQLを書きなさい。

追加するレコード

メニュー名	値段	残数
ライス	100	38
パン	120	24
サラダ	50	15

SQLは、1回のSQLで3件のレコードを同時にテーブルに追加してください。

ヒント

1件ずつレコードを追加するコマンドと同様、カラム名を指定してレコードを追加する方法と、カラム名を指定せずにレコードを追加する方法が2とおりがあります。2とおりのSQLを考えてみましょう。

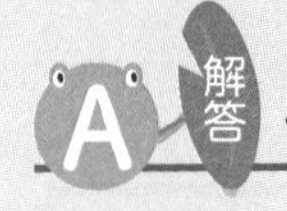

データをまとめて追加する

問題1の解説（レベル：かんたん）

SQLは、次のとおりです。

```
INSERT INTO メニュー (メニュー名, 値段, 残数) VALUES
('ライス', 100, 38),
('パン', 120, 24),
('サラダ', 50, 15);
```

カラム名を指定した場合

また、カラム名を指定せず、次のようにすることも可能です。

```
INSERT INTO メニュー VALUES
('ライス', 100, 38),
('パン', 120, 24),
('サラダ', 50, 15);
```

カラム名を指定しない場合

このSQLを実行すると、次のようになります。

```
mysql> INSERT INTO メニュー (メニュー名, 値段, 残数) VALUES Enter
    -> ('ライス', 100, 38), Enter
    -> ('パン', 120, 24), Enter
    -> ('サラダ', 50, 15); Enter
Query OK, 3 rows affected (0.01 sec)
Records: 3  Duplicates: 0  Warnings: 0
```

3件のレコードが影響を受けた（追加された）ことを確認できた

SELECTコマンドし、新たな3件のレコードが追加されていることを確認してみてください。

Chapter 02

データを変更する

データを変更する

データ操作言語に関する3つめとして、データを変更するコマンドについて説明します。

データを変更するには、**UPDATE**コマンドを使います。UPDATEコマンドの構文は、次のとおりです。

書式

```
UPDATE [テーブル名]
SET [カラム名1] = [値1],
  [カラム名2] = [値2],
  …
WHERE
  [条件式];
```

値を変更したいカラムが複数ある場合は、「,」(カンマ)でつなぐ

UPDATEの後ろに[テーブル名]を、続いてSETの後ろに値を変更したい[カラム名]を指定し、[値]を「=」(イコール)でつなぎます。値を変更したいカラムが複数ある場合は、「,」(カンマ)でつなぎます。WHERE句を指定することで、値を変更したいレコードを絞り込むことができます。

逆に、**WHERE句を指定せずにUPDATEコマンドを実行した場合、テーブルに存在するすべてのデータの値が変更されてしまいます。** 何千件、何万件のレコードがあろうが、すべてのレコードがすべて同じ値となってしまいます。うっかりWHERE句を指定し忘れたことにより、すべてのレコードを更新してしまうようなことがないように、注意しましょう。

それでは、UPDATEコマンドの例を見てみましょう。「家計簿」テーブルより、「No」カラムの値が「10」のレコードの「金額」を、「380」に変更するSQLを考えてみましょう。

「家計簿」テーブル

No	日付	項目	品名	金額
1	2021/3/27	食費	大根	100
2	2021/3/27	食費	豚バラ肉	300
3	2021/3/27	日用品	ティッシュ	230
4	2021/3/28	娯楽費	雑誌	700
5	2021/3/28	おやつ	ドーナツ	120
6	2021/3/29	食費	キャベツ	130
7	2021/3/30	娯楽費	知恵の輪	220
8	2021/3/30	食費	弁当	480
9	2021/3/30	日用品	歯ブラシ	100
10	2021/3/30	おやつ	ケーキ	480

「No」が「10」の
レコードの金額を
「380」に変更する

UPDATEコマンドを実行する際、前の値が何だったかを気にする必要はありません。つまり、この場合は変更前の値が「480」ですが、SQL文には「480」であろうが「1.000」であろうが、気にする必要はなく、変更後の値のみを指定するだけでよいのです。

さて、目的とするデータ操作を実現するSQLは、UPDATEコマンドを用いて、次のように記述できます。

```
UPDATE 家計簿
SET 金額 = 380
WHERE
  No = 10;
```

WHERE句を付けるのを忘れずに！

このSQLを実行すると、次のようになります。

```
mysql> UPDATE 家計簿 Enter
    -> SET 金額 = 380 Enter
    -> WHERE Enter
    ->     No = 10; Enter
Query OK, 1 row affected (0.01 sec)
Rows matched: 1  Changed: 1  Warnings: 0
```

このクエリによって、1件のレコードが影響を受けた

では、うまく更新されたかどうか、確認してみましょう。「家計簿」テーブルにSELECTコマンドを実行し、値を確認してみます。更新したレコードの「金額」を表示してみましょう。

```
SELECT 金額 FROM 家計簿 WHERE No = 10;
```

このSQLを実行した結果は、次のようになります。

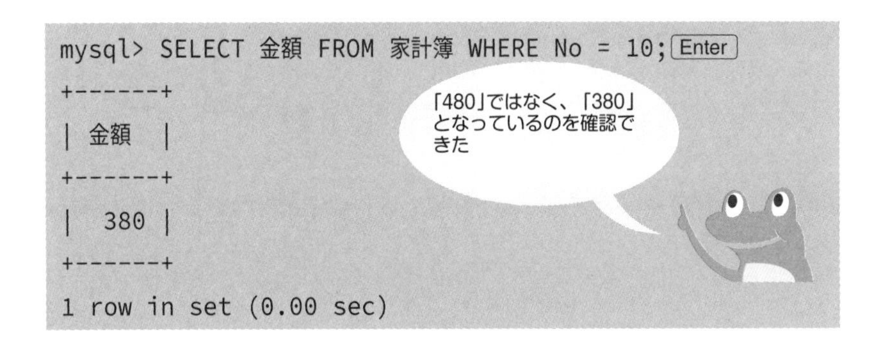

これで、「No」が「10」の「金額」を「380」に書き換えることができました。

ちなみに、UPDATEコマンドで書き換える予定の値をWHERE句の条件に指定することもできます。

たとえば、今ほど「金額」を「380」に変更した「No」が「10」のレコードを、再度書き換えてみましょう。その際、WHERE句の条件に指定するのは、「No」ではなく、書き換え対象である「金額」です。

「金額」が「380」のレコードは1件しかありませんので、WHERE句で「金額が380円のレコード」と指定しても、「No」が「10」のレコードしかヒットしないはずです。

「家計簿」テーブル

No	日付	項目	品名	金額
1	2021/3/27	食費	大根	100
2	2021/3/27	食費	豚バラ肉	300
3	2021/3/27	日用品	ティッシュ	230
4	2021/3/28	娯楽費	雑誌	700
5	2021/3/28	おやつ	ドーナツ	120
6	2021/3/29	食費	キャベツ	130
7	2021/3/30	娯楽費	知恵の輪	220
8	2021/3/30	食費	弁当	480
9	2021/3/30	日用品	歯ブラシ	100
10	2021/3/30	おやつ	ケーキ	380

「金額」が「380」のレコードは1件のみ

そのため、次のようなSQLで、「金額」が「380」のレコードの金額を、「280」に変更することが可能です。

```
UPDATE 家計簿
SET 金額 = 280
WHERE
  金額 = 380;
```

「金額」が「380」のレコードを「280」に変更する

データベースのクラウド化

本書では、自分のパソコンにMySQLをインストールしましたが、業務としてデータベースを利用する場合、最近では、クラウドサービスとして提供されているデータベースを利用するのが一般的です。

クラウドサービスとは、インターネット上で利用可能なサービスで、インフラやソフトウェアを持たなくても、インターネットを通じてさまざまなインフラやサービスを利用することができます。

クラウドサービスとして有名なものとしては、Amazon社の「AWS」、Microsoft社の「Azure」、Google社の「GCP」があります。

この3社で、クラウドサービスの大手3社と言えます。

本書では、主にMySQLを用いてSQLの説明を行っていますが、この3社のクラウドサービスでも、MySQLを利用することが可能です。

もし今後、データベースを用いた新たなシステムの構築を検討するのであれば、クラウドサービスの利用も視野に入れて検討することをお勧めします。

データを変更する

問題1（レベル：かんたん）

「メニュー」テーブルより、「メニュー名」が“オムライス”となっているレコードの「値段」を、「800」から「780」に変更するSQLを書きなさい。

「メニュー」テーブル

メニュー名	値段	残数
ハンバーグ	600	10
オムライス	800	8
スープ	300	15
ドリンク	100	30
ライス	100	38
パン	120	24
サラダ	50	15

ヒント

変更するレコードは、1件のみです。変更の対象となるレコードを絞り込むための条件としては、「メニュー名」が“ハンバーグ”となっているレコードで絞り込むか、もしくは「値段」が「800」となっているレコードも“ハンバーグ”しかありませんので、「値段」が「800」となっているレコードで絞り込む方法も可能です。

データを変更する

問題1の解説（レベル：かんたん）

前ページのヒントにて、2とおりのやり方を説明しましたが、解説では「メニュー名」が“オムライス”となっているレコードを条件として、UPDATEコマンドを実行するSQLを紹介します。

```
UPDATE メニュー
SET 値段 = 780
WHERE メニュー名 = 'オムライス';
```

「値段」が「800」のレコードをWHERE句の条件として指定してもOK

このSQLを実行した結果は、次のとおりです。

```
mysql> UPDATE メニュー Enter
    -> SET 値段 = 780 Enter
    -> WHERE メニュー名 = 'オムライス'; Enter
Query OK, 1 row affected (0.14 sec)
Rows matched: 1  Changed: 1  Warnings: 0
```

1件のレコードが影響を受けたことがわかる

“オムライス”のレコードの「値段」がうまく書き換わったかどうか、SELECTコマンドで確認してみましょう。

```
mysql> SELECT 値段 FROM メニュー Enter
    -> WHERE メニュー名 = 'オムライス'; Enter
+------+
| 値段 |
+------+
|  780 |
+------+
1 row in set (0.00 sec)
```

無事、“オムライス”の値段を「780」に書き換えることができた！

Chapter 02

データを削除する

データを削除する

本節にて、データ操作言語に関する説明が最後となります。最後となるデータ操作言語の4つめは、データを削除するコマンドです。データを削除するには、**DELETE** コマンドを使います。DELETEコマンドの構文は、次のとおりです。

```
DELETE FROM [テーブル名]
WHERE [条件式];
```

[条件式]を指定しないと、すべてのレコードを削除してしまう！

“DELETE FROM”の後ろに対象となる[テーブル名]を指定します。WHERE句にて、削除するレコードの条件を指定します。

WHERE句を指定しなくても構文としては成り立つのですが、その場合、テーブルに存在するすべてのレコードが削除されてしまいます。つまり、[テーブル名]に指定したテーブルが、空っぽになってしまいます。

そのため、**前節で説明したUPDATEコマンド同様、DELETEコマンドを実行する際は十分に注意してください。WHERE句に指定した内容で、希望するレコードのみが削除の対象となるか、十分に確認**

してからDELETEコマンドを実行してください。

さて、それでは「家計簿」テーブルより、「No」が「5」よりも大きいレコードをすべて削除するSQLを作成し、実行してみましょう。これで、「家計簿」テーブルに関していえば、Chapter02-01で「サンプル」データベースを作成したときと同じ状態に戻りますね。

まずは、SELECTコマンドを実行し、今の時点での「家計簿」テーブルのなかみを見てみましょう。

```
mysql> SELECT * FROM 家計簿; Enter
+----+------------+--------+------------+------+
| No | 日付       | 項目   | 品名       | 金額 |
+----+------------+--------+------------+------+
|  1 | 2021-03-27 | 食費   | 大根       |  100 |
|  2 | 2021-03-27 | 食費   | 豚バラ肉   |  300 |
|  3 | 2021-03-27 | 日用品 | ティッシュ |  230 |
|  4 | 2021-03-28 | 娯楽費 | 雑誌       |  700 |
|  5 | 2021-03-28 | おやつ | ドーナツ   |  120 |
|  6 | 2021-03-29 | 食費   | キャベツ   |  130 |
|  7 | 2021-03-30 | 娯楽費 | 知恵の輪   |  220 |
|  8 | 2021-03-30 | 食費   | 弁当       |  480 |
|  9 | 2021-03-30 | 日用品 | 歯ブラシ   |  100 |
| 10 | 2021-03-30 | おやつ | ケーキ     |  280 |
+----+------------+--------+------------+------+
10 rows in set (0.00 sec)
```

「No」が「5」より大きいレコードをすべて削除したい

前々節で説明したINSERTコマンドによって、「No」が「6」以降のレコードが追加されたままになっているのが確認できます。これを、DELETEコマンドで削除します。

「家計簿」テーブル

No	日付	項目	品名	金額
1	2021/3/27	食費	大根	100
2	2021/3/27	食費	豚バラ肉	300
3	2021/3/27	日用品	ティッシュ	230
4	2021/3/28	娯楽費	雑誌	700
5	2021/3/28	おやつ	ドーナツ	120
6	2021/3/29	食費	キャベツ	130
7	2021/3/30	娯楽費	知恵の輪	220
8	2021/3/30	食費	弁当	480
9	2021/3/30	日用品	歯ブラシ	100
10	2021/3/30	おやつ	ケーキ	280

削除したいレコード

SQLは、次のようになります。

```
DELETE FROM 家計簿 WHERE No > 5;
```

このSQLを実行すると、次のようになります。

```
mysql> DELETE FROM 家計簿 WHERE No > 5; Enter
Query OK, 5 rows affected (0.01 sec)
```

5件のレコードが
影響を受けた

コマンドを実行したら、「No」が「5」より大きいレコードが削除されているかどうか、確認してみましょう。

SELECTコマンドを実行し、結果を確認してみてください。

```
mysql> SELECT * FROM 家計簿; Enter
+----+------------+--------+------------+------+
| No | 日付       | 項目   | 品名       | 金額 |
+----+------------+--------+------------+------+
|  1 | 2021-03-27 | 食費   | 大根       |  100 |
|  2 | 2021-03-27 | 食費   | 豚バラ肉   |  300 |
|  3 | 2021-03-27 | 日用品 | ティッシュ |  230 |
|  4 | 2021-03-28 | 娯楽費 | 雑誌       |  700 |
|  5 | 2021-03-28 | おやつ | ドーナツ   |  120 |
+----+------------+--------+------------+------+
5 rows in set (0.00 sec)
```

「No」が「5」よりも大きいレコードは削除された！

このように、「No」が「5」より大きいレコードが削除され、データベース作成当初の状態に戻すことができました。

「家計簿」テーブル

No	日付	項目	品名	金額
1	2021/3/27	食費	大根	100
2	2021/3/27	食費	豚バラ肉	300
3	2021/3/27	日用品	ティッシュ	230
4	2021/3/28	娯楽費	雑誌	700
5	2021/3/28	おやつ	ドーナツ	120

データベース作成当初（47ページ）の状態に戻すことができた

データを削除する

問題1（レベル：ふつう）

「メニュー」テーブルより、「メニュー名」が“ドリンク”、“ライス”、“パン”、“サラダ”のレコードを削除するSQLを書きなさい。

「メニュー」テーブル

メニュー名	値段	残数
ハンバーグ	600	10
オムライス	800	8
スープ	300	15
ドリンク	100	30
ライス	100	38
パン	120	24
サラダ	50	15

「メニュー名」が“ドリンク”、“ライス”、“パン”、“サラダ”のレコードを削除

ヒント

本文中では、「家計簿」テーブルにて、「No」が「5」より大きいレコードという条件を指定して、レコードを削除しました。

この問題のケースでは、WHERE句に指定する条件が1つではできませんね。そのため条件文は、「メニュー名」が“ドリンク”のもの、もしくは「メニュー名」が“ライス”のもの、もしくは「メニュー名」が“パン”のもの、もしくは「メニュー名」が“サラダ”のもの、という複合条件となります。

データを削除する

問題1の解説（レベル：ふつう）

SQLは、次のようになります。

```
DELETE FROM メニュー
WHERE メニュー名 ='ドリンク'
OR    メニュー名 ='ライス'
OR    メニュー名 ='パン'
OR    メニュー名 ='サラダ';
```

メニュー名が“ドリンク”、“ライス”、“パン”、“サラダ”のいずれかに該当するレコードを対象とする

このSQLを実行すると、次のようになります。

```
mysql> DELETE FROM メニュー Enter
    -> WHERE  メニュー名 = 'ドリンク' Enter
    -> OR     メニュー名 = 'ライス' Enter
    -> OR     メニュー名 = 'パン' Enter
    -> OR     メニュー名 = 'サラダ'; Enter
Query OK, 4 rows affected (0.01 sec)
```

4件のレコードが影響を受けた（削除された）

「メニュー」テーブルから、4件のレコードが削除されました。

```
mysql> SELECT * FROM メニュー; Enter
+-----------+------+------+
| メニュー名  | 値段 | 残数 |
+-----------+------+------+
| ハンバーグ  |  600 |   10 |
| オムライス  |  780 |    8 |
| スープ     |  300 |   15 |
+-----------+------+------+
3 rows in set (0.00 sec)
```

SELECTコマンドを実行し、「メニュー」テーブルから4件のレコードが削除され、データベース作成当初の状態（46ページ）に戻すことができた

Chapter 02

この章のまとめ

本章では、データ操作言語(DML)について、学習しました。データ操作言語は、SQLのなかで、もっとも使用頻度が高く、もっとも重要です。そのデータ操作言語には、たったの4種類のコマンドしかないことは説明済みです。本章では、この4種類ごとに節を設け、各々のコマンドを説明しました。

この4種類のデータ操作言語のうち、さらにもっとも重要かつ使用頻度が高いのが、データを取得するSELECTコマンドです。そのため、特にページ数を割いて詳細に説明しました。WHERE句を用いて条件式を指定し、取得するレコードを絞り込む方法や、AND条件やOR条件により、複数の条件式を併せてレコードを絞り込む方法は、基本中の基本です。AND条件とOR条件には優先順位があることも含め、確実に理解しておきましょう。

INSERTコマンドは、1回のINSERTコマンドで1つのレコードを追加する方法と、1回のINSERTコマンドで複数のレコードを追加する方法を説明しました。1回のINSERTコマンドで複数のレコードを追加する方法は、あまり知られていませんが、1回のINSERTコマンドで1つのレコードを追加する方法を複数回繰り返すよりも高速です。

UPDATEコマンドとDELETEコマンドは、WHERE句を付け忘れると、すべてのレコードが変更もしくは削除の対象となります。うっかりWHERE句を付け忘れることで大惨事となりかねませんので、注意しましょう。

Chapter 03

データ定義言語（DDL）と データ制御言語（DCL）

Chapter 03

データ定義言語(DDL)とは

データ定義言語の基本は3つ

データ定義言語(DDL)とは、データベースの構造を定義するための言語で、DDLはData Definition Language(データ・デフィニション・ランゲージ)の略です。

データ定義言語(DDL)では、データベースそのものや、データを入れておく器(テーブル)などのデータベースオブジェクトの定義を行うことができます。DDLの基本操作は、以下の3つです。

DDLの基本操作

CREATE	データベースオブジェクトの作成
ALTER	データベースオブジェクトの変更
DROP	データベースオブジェクトの削除

DDLの基本はこの3つ!

データベースを作成しよう

まずは、データベースを作成する方法を説明します。

データベースの作成するSQLは以下のとおりです。

```
CREATE DATABASE [データベース名];
```

では、CREATE DATABASEコマンドを実行して、「TEST」というデータベースを作成してみましょう。SQLは次のとおりです。

```
mysql> CREATE DATABASE TEST; Enter
Query OK, 1 row affected (0.00 sec)
```

では、SHOW DATABASESコマンドを実行し、データベースの一覧を確認してみましょう。

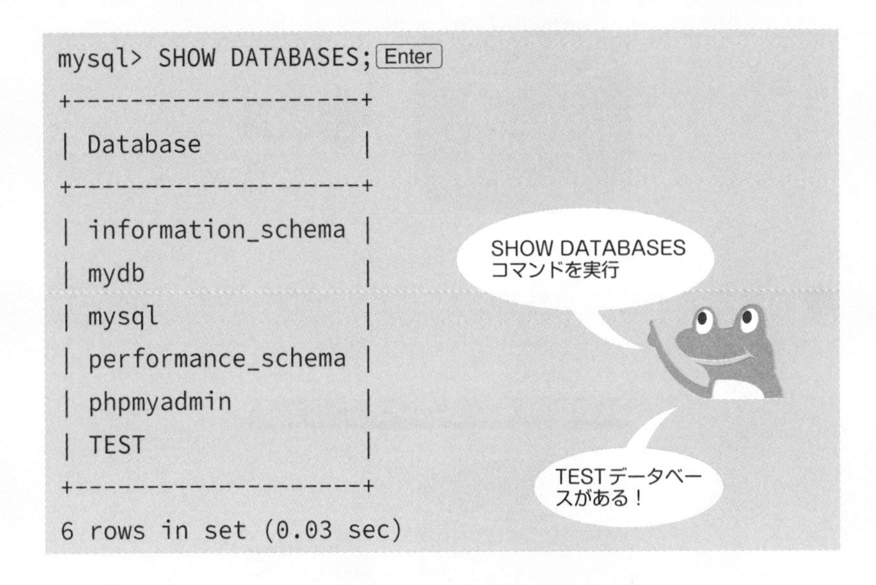


```
mysql> SHOW DATABASES; Enter
+--------------------+
| Database           |
+--------------------+
| information_schema |
| mydb               |
| mysql              |
| performance_schema |
| phpmyadmin         |
| TEST               |
+--------------------+
6 rows in set (0.03 sec)
```

TESTデータベースが作成されているのを確認できました。

MySQL以外のデータベース・システムで、データベースの一覧を確認する方法は、以下のとおりです。

データベース一覧を確認する方法
(MySQL以外のデータベース・システム)

データベース	実行例
SQL Server	SELECT * FROM SYS.DATABASES;
PostgreSQL	¥l (エン・エル)

なお、Oracleではデータベースの一覧を取得するコマンドがありません。接続できるかどうかでご確認ください。

データ定義言語の基本は3つ

問題1(レベル：やさしい)

「TEST2」データベースを作成してください。

「TEST2」データベースを作成する

問題2(レベル：やさしい)

先程作成した「TEST2」データベースを削除してください。

「TEST2」データベースを削除する

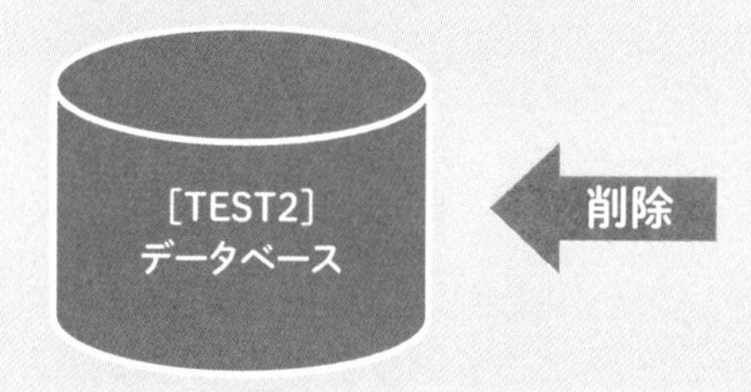

データ定義言語の基本は3つ

問題1の解説（レベル：やさしい）

データベースを作成するデータ定義言語（DDL）は、“CREATE DATABASE”です。

「TEST2」データベースを作成するSQLは、次のとおりです。

```
mysql> CREATE DATABASE TEST2; Enter
Query OK, 1 row affected (0.00 sec)
```

問題2の解説（レベル：やさしい）

データベースを削除するデータ定義言語（DDL）は、“DROP DATABASE”です。

「TEST2」データベースを削除するSQLは、次のとおりです。

```
mysql> DROP DATABASE TEST2; Enter
Query OK, 0 rows affected (0.07 sec)
```

また、データベースの変更は、“ALTER DATABASE”コマンドでしたね。

データベースの設定を変更しよう

本項にて、前項で作成したデータベースの設定を変更してみましょう。データベースの設定を変更するSQLは以下のとおりです。

書式

```
ALTER DATABASE [データベース名] [設定を変更したい内容];
```

変更できる設定の内容ですが、たとえば、文字コード・暗号化・読取専用属性・オフライン・アクセス権限・保存場所・サイズなどがあります。

では、ALTER DATABASEコマンドを用いて、「TEST」データベースの照合順序を“utf8_general_ci”に変更してみましょう。**照合順序**とは、文字列を比較するときの決まりのことで、たとえば大文字と小文字を区別するかしないか、全角と半角を区別するかしないか、などを設定することができます。照合順序を“utf8_general_ci”にすると、大文字と小文字を区別しない、さらに全角と半角を区別しない設定に変更することができます。照合順序に関しては少し難易度が高いので、本書では詳述しません。

さて、SQLは次のとおりです。

```
mysql> ALTER DATABASE TEST COLLATE 'utf8_general_ci'; Enter
Query OK, 1 row affected (0.007 sec)
```

照合順序以外にも、変更可能なデータベースの設定がありますが、こちらも本書では詳述しません。

本書はSQLの初心者のための書籍ですので、ALTER DATABASEというコマンドで、既存のデータベースの設定を変更することができる、というところまでを覚えておけば、それで構いません。

データベースを削除しよう

では、本項で作成した「TEST」データベースを削除しましょう。

データベースを削除するSQLは以下のとおりです。

書式

```
DROP DATABASE [データベース名];
```

「TEST」データベースを削除するSQLは、次のとおりです。

```
mysql> DROP DATABASE TEST; Enter
Query OK, 0 rows affected (0.073 sec)
```

データベース内のテーブルなどもすべて削除されるため、データベースを削除する際は、十分に注意してください。

さて、SHOW DATABASESコマンドを実行し、データベースの一覧を確認してみましょう。TESTデータベースがなくなっていることを確認できればOKです。

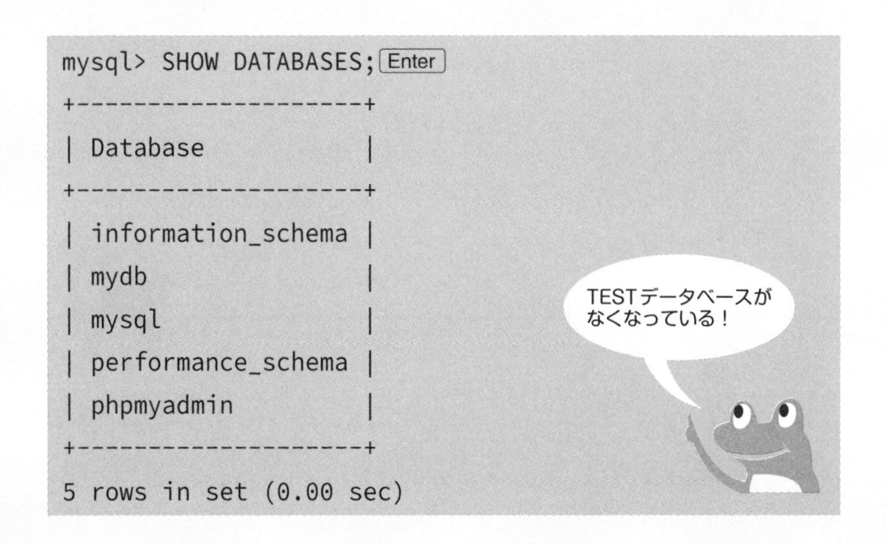

```
mysql> SHOW DATABASES; Enter
+--------------------+
| Database           |
+--------------------+
| information_schema |
| mydb               |
| mysql              |
| performance_schema |
| phpmyadmin         |
+--------------------+
5 rows in set (0.00 sec)
```

テーブルを作成しよう

前項では、データベースの作成、データベース設定の変更、データベースの削除を行うSQLを紹介しましたが、本項では、テーブルを作成・変更・削除します。

実テーブルを作成する

テーブルには、2つの種類があります。1つは、**実テーブル**といい、すでに利用している「メニュー」テーブルや「家計簿」テーブルなど、実在するテーブルのことを言います。もう1つが、**テンポラリテーブル**といい、実テーブルと違い、一時的に使用されるテーブルのことで、たとえばデータベースとの接続が切れた時点で自動的に削除されるテーブルのことを言います。一時テーブルや仮テーブルともいいます。

テーブルはデータベースの中に作成します。テーブルは、USEコマンドにて選択されたデータベース内に作成されます。

```
CREATE TABLE [テーブル名] (
    [カラム名①] [データ型①] [制約①],
    [カラム名②] [データ型②] [制約②],
    …
  [制約]
);
```

「制約」は、指定しなくてもよい

“CREATE TABLE”の後に作成したいテーブル名を書きます。その後のカッコ内に、作成したいカラムの数だけ、[カラム名]と[データ型]をカンマで区切って並べます。[制約]については、たとえば主キー

(プライマリキー)やユニークキー、デフォルト制約、NOT NULL制約など、カラムごとに指定可能な制約を指定します。

主キーとは、データを特定するキーとなるカラムのことを言います。たとえば、社員テーブルの社員コードが主キーに該当します。社員コードは社員を特定するためのもので、1つの社員コードを複数の人で使うことはありませんね。

ユニークキーとは、主キーと似ているのですが、NULLを許容します。ちょっと紛らわしいのですが、たとえばコンテンツ配信サイトの会員をテーブルに登録するとします。そのコンテンツ配信サイトには、有料会員と無料会員があるとして、会員テーブルの有料会員番号カラムには、有料会員のみ、ほかの有料会員と重複しない会員番号が割り振られており、無料会員の場合はNULLとなっているのを考えるとわかりやすいでしょう。

コンテンツ配信サイト会員テーブル

会員番号	氏名	性別	生年月日	有料会員番号
101	松岡真由	女	1996/02/09	NULL
102	小森由姫	女	1970/04/22	NULL
103	樋口譲	男	1975/10/20	145
104	北川桜彩	女	2000/08/09	628
105	小沼安弘	男	1964/12/01	687
106	池谷金之助	男	1964/03/17	NULL
107	藤巻来未	女	1971/07/20	389
108	早坂康之	男	1975/08/16	256
109	岩渕玄武	男	1996/09/15	NULL
110	稲村悦夫	男	1963/10/07	NULL

「有料会員番号」がNULLの会員は無料会員

「有料会員番号」はユニークキー

「会員番号」は主キー

デフォルト制約とは、カラムごとに初期値（デフォルト値）を設定することを言います。たとえば、「氏名」を入力しなかった会員は、自動的に“名無しの権兵衛”と設定することができるようになります。

NOT NULL制約とは、NULLを許容しないようにする制約のことです。

主キーやユニークキーについては、［カラム名］と［データ型］の最後に記述する方法のほかに、CREATE TABLEコマンドの最後にも指定することができます。

では、次のようなテーブルを作成するSQLを作成してみましょう。

顧客テーブル

カラム名	データ型	主キー	NOT NULL
顧客コード	INTEGER	○	
顧客名	VARCHAR(40)		○
生年月日	DATE		

「顧客コード」に主キーを、「顧客名」にはNOT NULL制約を設定

このテーブルを作成するためのSQLは、次のとおりです。

書式

```
CREATE TABLE 顧客 (
  顧客コード INTEGER,
  顧客名 VARCHAR(40) NOT NULL,
  生年月日 DATE,
  PRIMARY KEY (顧客コード)
);
```

「顧客コード」は、数値のみのため数値型の“INTEGER”とします。「顧客名」は、可変長文字列型の“VARCHAR”とします。その後の（40）は、文字の長さ（バイト数）です。40バイトの場合、半角40文字、全角20文字まで入力可能です。

「生年月日」は、日付型の“DATE”とします。

また「顧客コード」は、ユニークな値が入る「主キー」としたいので、“PRIMARY KEY（顧客コード）”としています。

「顧客名」は、必ず入力してもらいたいので、NULL（空）を許可しないため、データ型の後に“NOT NULL”としています。

なお「顧客コード」はPRIMARY KEYとしているので、NOT NULLと書かなくても、必ず何か入力しないといけないカラムとなります。このSQLを実行すると、次のようになります。

```
mysql> CREATE TABLE 顧客 ( Enter
    ->      顧客コード INTEGER, Enter
    ->      顧客名 VARCHAR(40) NOT NULL, Enter
    ->      生年月日 DATE, Enter
    ->      PRIMARY KEY (顧客コード) Enter
    -> ); Enter
Query OK, 0 rows affected (0.06 sec)
```

テーブルが作成されたかどうか、すべてのテーブルの一覧を確認するためのコマンド、SHOW TABLESコマンドを実行してみてください。

```
SHOW TABLES;
```

SHOW TABLESコマンドは、MySQL専用のコマンドです。その他のデータベースシステムでは、次のようになります。

Oracle	SELECT table_name FROM user_tables;
SQL Server	SELECT name FROM sys.tables;
PostgreSQL	¥dt

表示されたテーブル一覧のなかに、「顧客」というテーブルが存在することを確認できるでしょう。

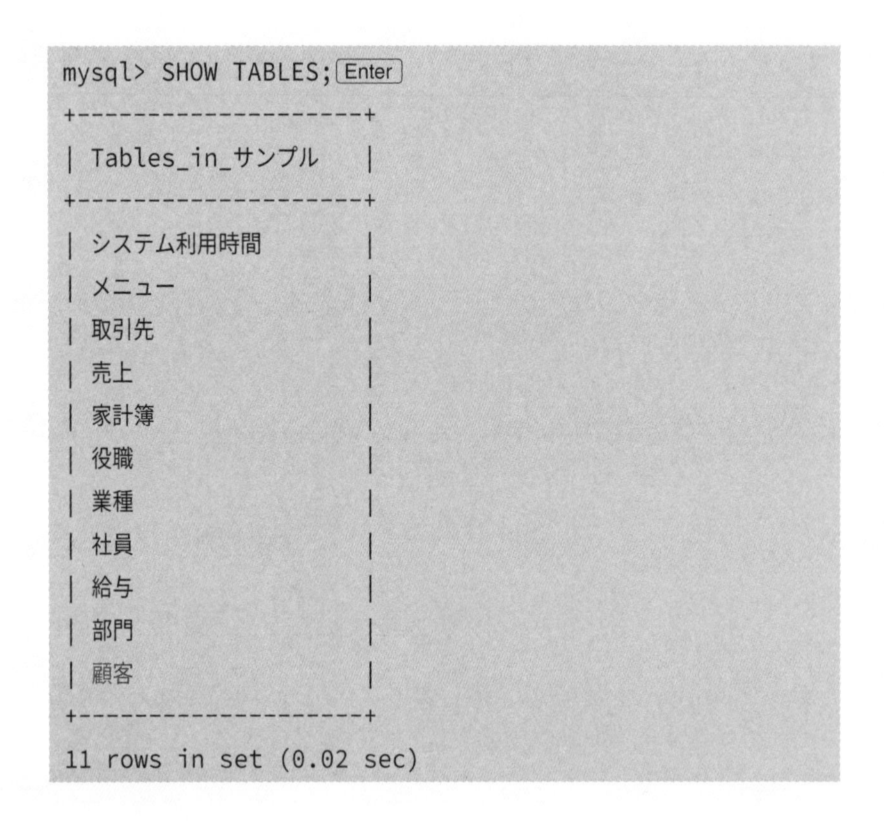

```
mysql> SHOW TABLES; Enter
+--------------------+
| Tables_in_サンプル   |
+--------------------+
| システム利用時間       |
| メニュー             |
| 取引先              |
| 売上                |
| 家計簿              |
| 役職                |
| 業種                |
| 社員                |
| 給与                |
| 部門                |
| 顧客                |
+--------------------+
11 rows in set (0.02 sec)
```

テンポラリテーブルを作成する

先ほど説明した実テーブルは、さまざまなユーザーがデータを共有して使用するイメージです。テンポラリテーブルは、実テーブルとは違い、一時的に使えるテーブル、自分だけが使えるテーブルを作成することもできます。

テンポラリテーブルの使い方としては、たとえば帳票を印刷するときなど、印刷するデータの内容を一時的に格納するときなどに使います。テンポラリテーブルによって、テーブルの数が必要以上に増えてしまうことを防ぐこともできます。

テンポラリテーブルはセッションごとに作ることもができる

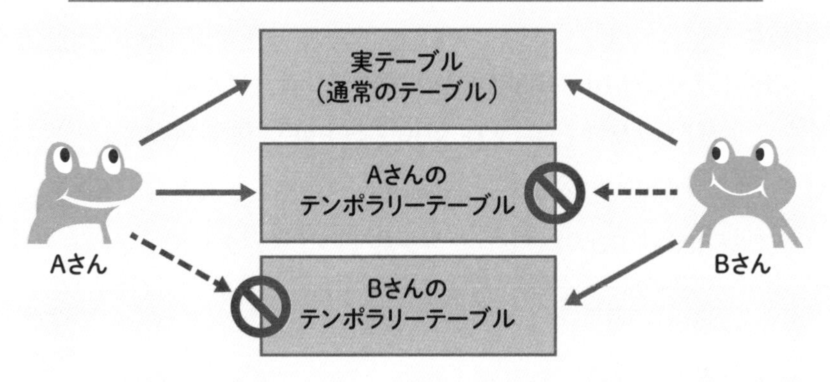

MySQLとPostgreSQLの場合、“CREATE TEMPORARY TABLE［テーブル名］”として書きます。

では「一時顧客」という一時テーブルを作成するSQLを作成してみましょう。

```
mysql> CREATE TEMPORARY TABLE 一時顧客 ( Enter
    ->      顧客コード INTEGER, Enter
    ->      顧客名 VARCHAR(40) NOT NULL Enter
    -> ); Enter
Query OK, 0 rows affected (0.07 sec)
```

PostgreSQLの場合、“TEMPORARY”を省略して、“TEMP”としても構わない

また処理（接続）が終了すると、自動的にテンポラリテーブルは削除されます。

Oracleの場合、“CREATE GLOBAL TEMPORARY TABLE［テーブル名］”として書きます。また処理が終了したら、自動的にデータを削除してくれるオプションもあります。ただし、テンポラリテーブル自体を削除したい場合は、明示的にテーブルを削除する必要があります。

書式

```
CREATE GLOBAL TEMPORARY TABLE［テーブル名］
    ON COMMIT［ DELETE ROWS ¦¦ PRESERVE ROWS ］
  DELETE ROWS…コミット後にデータが削除される（初期設定）
  PRESERVE ROWS…セッション終了時にデータが削除される
```

SQL Serverの場合、テーブル名の先頭に"#"を付けて作成すると、「ローカル一時テーブル」となり、作成した本人の現在の接続からのみ参照可能です。同様に"##"を付けて作成すると、「グローバル一時テーブル」となり、他の人からも参照可能なテーブルとなります。どちらのテーブルもtempdbデータベースに作成されます。「ローカル一時テーブル」は、テーブルを作成したセッションが切れたタイミングで、「グローバル一時テーブル」は、すべてのセッションが切れたタイミングで自動的に削除されます。

書式

CREATE TABLE［テーブル名］

［テーブル名］…"#"で始まる：ローカル一時テーブル
"##"で始まる：グローバル一時テーブル

テーブルを作成しよう

問題1（レベル：ふつう）

「生徒」テーブル（実テーブル）を作成するSQLを作成してください。

なお「生徒」テーブルで作成する項目（カラム）は、出席番号、氏名、性別、生年月日、部活動、得意科目、苦手科目です。

また出席番号を主キーとしてください。氏名は必ず入力するカラム（必須項目）とします。

「生徒」テーブル

カラム名	データ型	主キー	NOT NULL
出席番号	INTEGER	○	
氏名	VARCHAR(40)		○
性別	VARCHAR(2)		
生年月日	DATE		
部活動	VARCHAR(20)		
得意科目	VARCHAR(10)		
苦手科目	VARCHAR(20)		

ヒント

「出席番号」には主キーを、「氏名」にはNOT NULL制約を設定してください。

問題2（レベル：ふつう）

「成績表」のテンポラリテーブルを作成するSQLを作成してください。

テンポラリテーブルで作成する項目（カラム）は、出席番号、氏名、国語成績、数学成績、英語成績、総合成績、総合順位、ランクです。

なお、国語成績、数学成績、英語成績は0～100の得点、総合成績は3教科の合計得点、総合順位は1～200の順位、ランクはA～Eが入るものとします。

また出席番号を主キーとしてください。

成績テンポラリテーブル

カラム名	データ型	主キー	NOT NULL
出席番号	INTEGER	○	
氏名	VARCHAR(40)		
国語成績	INTEGER		
数学成績	INTEGER		
英語成績	INTEGER		
総合成績	INTEGER		
総合順位	INTEGER		
ランク	VARCHAR(1)		

ヒント

利用するデータベースによりテンポラリテーブルの作成のSQLが異なりますが、実際に利用しているデータベースのやり方で書いてください。

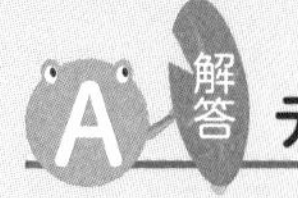

テーブルを作成しよう

問題1の解説（レベル：ふつう）

「生徒」テーブルを作成するSQLは、次のとおりです。

```
mysql> CREATE TABLE 生徒 ( Enter
    ->       出席番号 INTEGER, Enter
    ->       氏名 VARCHAR(40) NOT NULL, Enter
    ->       性別 VARCHAR(2), Enter
    ->       生年月日 DATE, Enter
    ->       部活動 VARCHAR(20), Enter
    ->       得意科目 VARCHAR(10), Enter
    ->       苦手科目 VARCHAR(10), Enter
    ->       PRIMARY KEY(出席番号) Enter
    -> ); Enter
Query OK, 0 rows affected (0.05 sec)
```

NOT NULL制約の指定

主キーの指定

「出席番号」は、数値型の“INTEGER”とします。

「氏名」は、可変長文字列型の“VARCHAR”とし、ここでは40バイトとしています。半角だと40文字ですが、全角だと20文字です。

「生年月日」は、日付型の“DATETIME”とします。

「部活動」「得意科目」「苦手科目」は、可変長文字列型の“VARCHAR”で、ここでは各々20バイト、10バイト、10バイトとしています。

また「出席番号」は、ユニークな値が入る「主キー」としたいので、“PRIMARY KEY（出席番号）”としています。

「氏名」は「NOT NULL制約」のため、データ型の後に“NOT NULL”としています。

問題2の解説（レベル：ふつう）

テンポラリテーブルを作成するSQLです。データベースによりSQLの書き方が異なります。

MySQLの場合は、次のとおりです。PostgreSQLも同じです。

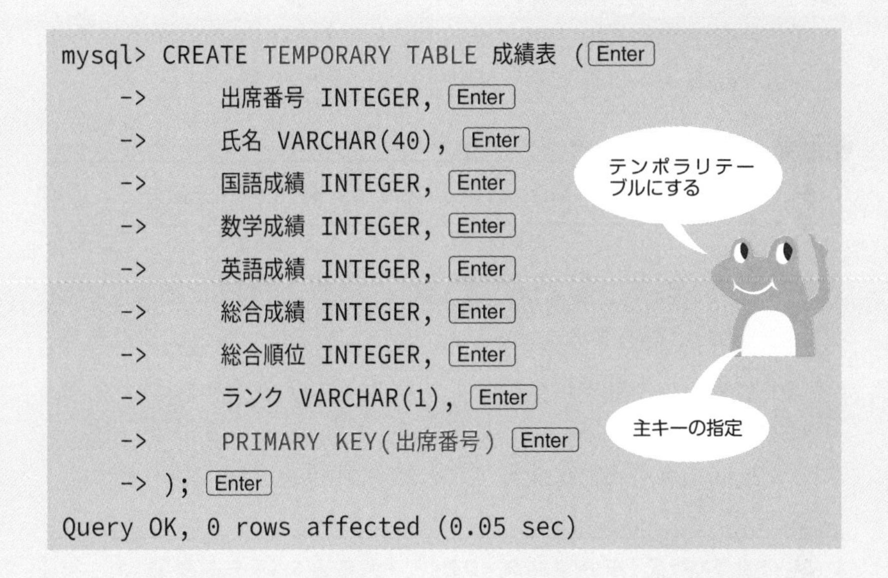

```
mysql> CREATE TEMPORARY TABLE 成績表 (Enter
    ->        出席番号 INTEGER, Enter
    ->        氏名 VARCHAR(40), Enter
    ->        国語成績 INTEGER, Enter
    ->        数学成績 INTEGER, Enter
    ->        英語成績 INTEGER, Enter
    ->        総合成績 INTEGER, Enter
    ->        総合順位 INTEGER, Enter
    ->        ランク VARCHAR(1), Enter
    ->        PRIMARY KEY(出席番号) Enter
    -> ); Enter
Query OK, 0 rows affected (0.05 sec)
```


Oracleの場合は、1行目は次のとおりで、2行目以降は同じです。

```
CREATE GLOBAL TEMPORARY TABLE 成績表 (
```

SQL Serverの場合、1行目は次のとおりで、2行目以降は同じです。

```
CREATE TABLE #成績表 (
```

テーブルの設定を変更しよう

すでに作成済のテーブルの設定を変更する方法を確認していきましょう。テーブルの設定を変更する際には、“ALTER TABLE”を使います。

新たなカラムを追加しよう

すでに作成済のするテーブルに、新しい列（カラム）を追加してみましょう。カラムを追加するSQLは次のとおりです。

書式

```
ALTER TABLE [テーブル名] ADD [カラム名] [データ型];
```

テーブルを変更するということで、“ALTER TABLE”と書いた後に、[テーブル名]を書きます。さらにカラムを追加するということで、“ADD”を書き、その後に追加したいカラムを[カラム名] [データ型]の順で書きます。

ただしOracleの場合は、カラムをカッコで囲む必要があります。

```
ALTER TABLE [テーブル名] ADD ( [カラム名] [データ型] );
```

では実際に、先程作成した「顧客」テーブルに、「性別」カラムを追加してみましょう。

「顧客」テーブル

カラム名	データ型	主キー	NOT NULL
顧客コード	INTEGER	○	
顧客名	VARCHAR(40)		○
生年月日	DATE		
性別	VARCHAR(2)		

追加

```
mysql> ALTER TABLE 顧客 ADD 性別 VARCHAR(2); Enter
Query OK, 0 rows affected (0.00 sec)
Records: 0  Duplicates: 0  Warnings: 0
```

　また複数のカラムをまとめて追加することもできます。

　MySQLの例で、「顧客」テーブルに「住所」と「電話番号」カラムを追加してみましょう。

```
mysql> ALTER TABLE 顧客 Enter
    ->      ADD ( 住所 VARCHAR(50), 電話番号 VARCHAR(11) ); Enter
Query OK, 0 rows affected (0.06 sec)
Records: 0  Duplicates: 0  Warnings: 0
```

　MySQLとOracleは同じで、ADDの後にカッコを書いて、その中に複数のカラムの情報をカンマで区切って書いていきます。

　一方でSQL Serverの場合、ADDの後にカッコが不要です。

```
ALTER TABLE 顧客
    ADD 住所 VARCHAR(50), 電話番号 VARCHAR(11);
```

　PostgreSQLの場合、追加カラムごとにADDを書く必要があります。

```
ALTER TABLE 顧客
    ADD 住所 VARCHAR(50), ADD 電話番号 VARCHAR(11);
```

　それでは、テーブルにカラムが追加されたことを確認してみましょう。「顧客」テーブルにカラムが追加されたことを確認するには、それぞれのデータベースシステムにて、以下のコマンドを実行します。

MySQL	SHOW COLUMNS FROM 顧客;
Oracle	SELECT column_name FROM user_tab_columns WHERE table_name = '顧客';
SQL Server	SELECT * FROM sys.columns WHERE object_id = OBJECT_ID('顧客');
PostgreSQL	SELECT * FROM information_schema.columns WHERE table_name = '顧客';

MySQLの場合、次のような実行結果が返ります。

```
mysql> SHOW COLUMNS FROM 顧客; Enter
+-----------+-----------+-----+----+-------+------+
| Field     | Type      | Null | Key | Default | Extra |
+-----------+-----------+-----+----+-------+------+
| 顧客コード | int         | NO  | PRI | NULL    |       |
| 顧客名     | varchar(40) | NO  |     | NULL    |       |
| 生年月日   | date        | YES |     | NULL    |       |
| 性別       | varchar(2)  | YES |     | NULL    |       |
| 住所       | varchar(50) | YES |     | NULL    |       |
| 電話番号   | varchar(11) | YES |     | NULL    |       |
+-----------+-----------+-----+----+-------+------+
6 rows in set (0.00 sec)
```

「顧客」テーブルに「性別」「住所」「電話番号」のカラムが追加されているのを確認できますね。

ところで、MySQLの場合、カラムを追加する位置も指定できます。そのため、たとえば「顧客名」と「生年月日」の間に、「顧客名カナ」というカラムを追加したい、といった場合でも、SQLで対処可能です。ただし、Oracle、SQL Server、PostgreSQLの場合は、任意の位置にカラムを追加することはできません。

さて、MySQLで任意の位置にカラムを追加するには、次のような構文を用います。

書式

```
ALTER TABLE [テーブル名] ADD [カラム名] [データ型]
    AFTER [追加したい位置の前のカラム名];
```

そのため、「顧客名」と「生年月日」の間に「顧客名カナ」を追加する場合は、次のようなSQLを実行します。

```
ALTER TABLE 顧客 ADD 顧客名カナ VARCHAR(40)
    AFTER 顧客名;
```

では、カラムの先頭に新たなカラムを追加する場合はどうするの？と思った方、するどい質問です。その場合は、次の構文を用います。

書式

```
ALTER TABLE [テーブル名] ADD [カラム名] [データ型] FIRST;
```

繰り返しますが、カラムを追加する位置を指定できるのは、MySQLのみです。Oracle、SQL Server、PostgreSQLの場合はエラーとなりますので、ご注意ください。

列の定義を変更しよう

すでに作成済のテーブルの列(カラム)を変更してみましょう。では以下のように、データ型の変更をしてみましょう。

「顧客」テーブル

カラム名	データ型	主キー	NOT NULL
顧客コード	INTEGER	○	
顧客名	VARCHAR(40)		○
生年月日	DATE		
性別	VARCHAR(2)		
住所	VARCHAR(50) ⇒ VARCHAR(60)		
電話番号	VARCHAR(11) ⇒ VARCHAR(13)		

「住所」をVARCHAR(50)からVARCHAR(60)に変更し、「電話番号」をVARCHAR(11)からVARCHAR(13)に変更します。

MySQLの場合、SQLは次のとおりです。

```
mysql> ALTER TABLE 顧客 Enter
    ->     MODIFY 住所 VARCHAR(60), Enter
    ->     MODIFY 電話番号 VARCHAR(13); Enter
Query OK, 0 rows affected (0.27 sec)
Records: 0  Duplicates: 0  Warnings: 0
```

変更するカラムの数だけ、"MODIFY"と[フィールド名][データ型]を書いていきます。ただし、カラムの変更も、データベースによって書き方に少し違いがあります。

Oracleの場合、"MODIFY"の後にカッコを書いて、その中に複数のカラムの情報をカンマで区切って書いていきます。

```
ALTER TABLE 顧客 MODIFY (
    住所 VARCHAR(60),
    電話番号 VARCHAR(13)
);
```

PostgreSQLの場合、カラムの変更も“ALTER”で書いて、[フィールド名]と[データ型]の間に“TYPE”を書きます。

```
ALTER TABLE 顧客
    ALTER 住所 TYPE VARCHAR(60),
    ALTER 電話番号 TYPE VARCHAR(13);
```

SQL Serverの場合、“ALTER COLUMN”と[フィールド名][データ型]を書きます。SQL Serverの場合は、一度に複数の列を変更することができません。変更するカラムごとに、複数のSQLに分ける必要があります。

```
ALTER TABLE 顧客 ALTER COLUMN 住所 VARCHAR(60);
ALTER TABLE 顧客 ALTER COLUMN 電話番号 VARCHAR(13);
```

列の定義の変更ですが、データがすでに入力されている場合は注意が必要です。

今回は文字型のデータ桁数を増やしていますが、桁数を減らす場合には、データの長さによってはエラーとなることもあります。

またデータ型を変更する場合も、すでに入力されているデータによっては、データ型を変更できません。たとえば、文字列のデータが格納されているカラムを数値型に変更することはできません。

列を削除しよう

テーブルから１つの列（カラム）を削除してみましょう。カラムを削除するSQLは次のとおりです。

書式

```
ALTER TABLE [テーブル名] DROP COLUMN [フィールド名];
```

なお、MySQLとPostgreSQLでは、“COLUMN”は省略可能です。

では、以下のように、「顧客」テーブルの「住所」カラム削除をしてみましょう。

「顧客」テーブル

カラム名	データ型	主キー	NOT NULL
顧客コード	INTEGER	○	
顧客名	VARCHAR(40)		○
生年月日	DATE		
性別	VARCHAR(2)		
住所	VARCHAR(60)		
電話番号	VARCHAR(13)		

削除

SQLは次のとおりです。

```
mysql> ALTER TABLE 顧客 DROP COLUMN 住所; Enter
Query OK, 0 rows affected (0.27 sec)
Records: 0  Duplicates: 0  Warnings: 0
```

また複数の列（カラム）を削除したい場合は、データベースによって、書き方に少し違いがあります。

たとえば、「性別」と「住所」のカラムを同時に削除してみましょう。

「顧客」テーブル

カラム名	データ型	主キー	NOT NULL
顧客コード	INTEGER	○	
顧客名	VARCHAR(40)		○
生年月日	DATE		
性別	VARCHAR(2)		
電話番号	VARCHAR(13)		

削除

MySQLの場合、以下のとおりです。今回は、“COLUMN”を省略した記載例です。なおPostgreSQLも同じSQLになります。

```
mysql> ALTER TABLE 顧客 Enter
    -> DROP 性別, Enter
    -> DROP 電話番号; Enter
```

Oracleの場合、以下のとおりです

```
ALTER TABLE 顧客 DROP (性別, 電話番号);
```

SQL Serverの場合、以下のとおりです。

```
ALTER TABLE 顧客 DROP COLUMN 性別,電話番号;
```

カラムの削除は、同時にそのカラムのデータも削除されるため、実行する際には十分注意してください。

テーブルの設定を変更しよう

問題1（レベル：ふつう）

168ページの問題で、「生徒」テーブルを作成しましたね。46ページのテストデータには掲載されていませんので、168ページの問題を解いていない方は、そちらを先に解いてから、この問題に取り掛かってください。

では、問題です。「生徒」テーブルに、以下のカラムを追加してください。

・好きな食べ物
・嫌いな食べ物
・趣味
・身長

なおデータ型は、以下のテーブル定義のとおりです。

「生徒」テーブル

カラム名	データ型	主キー	NOT NULL
出席番号	INTEGER	○	
氏名	VARCHAR(40)		○
性別	VARCHAR(2)		
生年月日	DATE		
部活動	VARCHAR(20)		
得意科目	VARCHAR(10)		
苦手科目	VARCHAR(20)		
好きな食べ物	VARCHAR(30)		
嫌いな食べ物	VARCHAR(30)		
趣味	VARCHAR(30)		
身長	FLOAT		

追加

ヒント

身長は、小数点以下の入力もあるため、今回は浮動小数点数型(FLOAT)を使ってください。

問題2(レベル：むずかしい)

先程利用した「生徒」テーブルのカラムを以下のように変更してください。

・部活動：削除
・趣味：データ型の変更
・体重：追加

なおデータ型は、以下のテーブル定義のとおりです。
またできるだけSQLをまとめて作成してください。

「生徒」テーブル

カラム名	データ型	主キー	NOT NULL	
出席番号	INTEGER	○		
氏名	VARCHAR(40)		○	
性別	VARCHAR(2)			
生年月日	DATE			
部活動	VARCHAR(20)			← 削除
得意科目	VARCHAR(10)			
苦手科目	VARCHAR(20)			
好きな食べ物	VARCHAR(30)			
嫌いな食べ物	VARCHAR(30)			
趣味	VARCHAR(30) ⇒ VARCHAR(50)			← 変更
身長	FLOAT			
体重	FLOAT			← 追加

テーブルの設定を変更しよう

問題1の解説（レベル：ふつう）

テーブルに複数のカラムを追加する問題です。小数点を表すデータ型はいくつかありますが、今回は浮動小数点数型（FLOAT）を使いました。本来、浮動小数点型は、桁の大きい値を格納するときに使います。MySQLとOracleの場合、SQLは次のとおりです。

```
mysql> ALTER TABLE 生徒 Enter
    -> ADD ( Enter
    ->      好きな食べ物 VARCHAR(30), Enter
    ->      嫌いな食べ物 VARCHAR(30), Enter
    ->      趣味 VARCHAR(30), Enter
    ->      身長 FLOAT Enter
    -> ); Enter
Query OK, 0 rows affected (0.01 sec)
```

SQL Serverの場合、次のとおりです。

```
ALTER TABLE 生徒
    ADD 好きな食べ物 VARCHAR(30),嫌いな食べ物 VARCHAR(30),
    趣味 VARCHAR(30),身長 FLOAT;
```

PostgreSQLの場合、次のとおりです。

```
ALTER TABLE 生徒
    ADD 好きな食べ物 VARCHAR(30),
```

```
    ADD 嫌いな食べ物 VARCHAR(30),
    ADD 趣味 VARCHAR(30),
    ADD 身長 FLOAT;
```

問題2の解説（レベル：むずかしい）

テーブルにカラムを、追加、変更、削除する問題です。できるだけSQLをまとめて作成します。

MySQLの場合は、次のとおりです。

```
mysql> ALTER TABLE 生徒 Enter
    ->      DROP 部活動, Enter
    ->      MODIFY 趣味 VARCHAR(50), Enter
    ->      ADD 体重 FLOAT; Enter
Query OK, 0 rows affected (0.05 sec)
```

PostgreSQLの場合、次のとおりです。

```
ALTER TABLE 生徒
    DROP 部活動,
    ALTER 趣味 TYPE VARCHAR(50),
    ADD 体重 FLOAT;
```

Oracleの場合は、1行ずつ別々に書く必要があります。

```
ALTER TABLE 生徒 DROP (部活動);
ALTER TABLE 生徒 MODIFY (趣味 VARCHAR(50));
ALTER TABLE 生徒 ADD (体重 FLOAT);
```

SQL Serverの場合も、1行ずつ別々に書く必要があります。

```
ALTER TABLE 生徒 DROP COLUMN 部活動;
ALTER TABLE 生徒 ALTER COLUMN 趣味 VARCHAR(50);
ALTER TABLE 生徒 ADD 体重 FLOAT;
```

テーブルを削除しよう

既存のテーブルが不要となった場合、テーブルを削除することができます。既存のテーブルを削除する方法を見てみましょう。

SQLは、次のとおりです。

書式

```
DROP TABLE [テーブル名];
```

なお、テーブルを削除すると、テーブルにあるデータもすべて削除されるため、削除を実行する際には、十分注意してください。

「顧客」テーブルを削除するSQLは、次のとおりです。

```
DROP TABLE 顧客;
```

とてもかんたんですね。たったこれだけでテーブルを削除できてしまうので、コマンドを実行する際には、十分気をつけて実行してください。

テーブルを削除しよう

問題1(レベル:やさしい)

168ページの「テーブルを作成しよう」の問題1で作成した「生徒」テーブルを削除するSQLを作成してください。

生徒テーブルを削除する

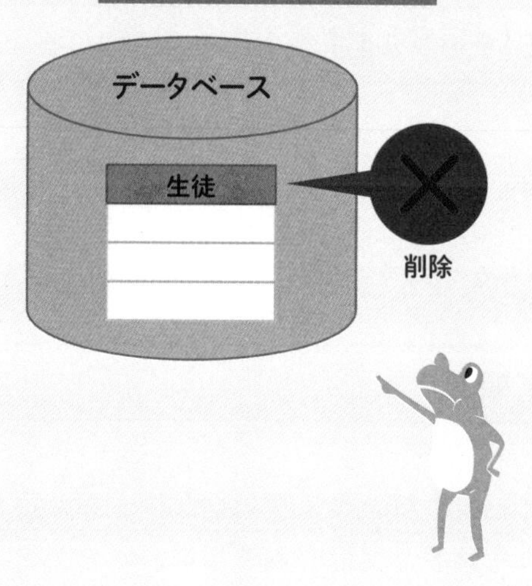

テーブルを削除しよう

問題1の解説（レベル：やさしい）

以下のSQLで、「生徒」テーブルを削除できます。

```
DROP TABLE 生徒;
```

削除されているかどうかは、163ページでも紹介しましたが、下記のクエリを実行し、テーブル一覧のなかに「生徒」テーブルが含まれているかどうかで確認してください。

MySQLの場合

```
SHOW TABLES;
```

Oracleの場合

```
SELECT table_name FROM user_tables;
```

SQL Serverの場合

```
SELECT name FROM sys.tables;
```

Chapter 03

データ制御言語(DCL)とは

データ制御言語の基本は3つ

データ制御言語(DCL)とは、**データに対するアクセス制御を行うためのデータベース言語**です。データ制御言語では、トランザクションの制御を行うことができます。

トランザクションとは

たとえば、商品を1つ売り上げた際に、以下の2つの処理を順番に行う必要があるとします。

①「売上」テーブルに売上のレコードを追加する
② 残在庫を管理する「メニュー」テーブルの「残数」を減らす

この際に、システムに何らかの異常が発生して、どちらか片方の処理しか行われなかったらどうなるでしょうか。

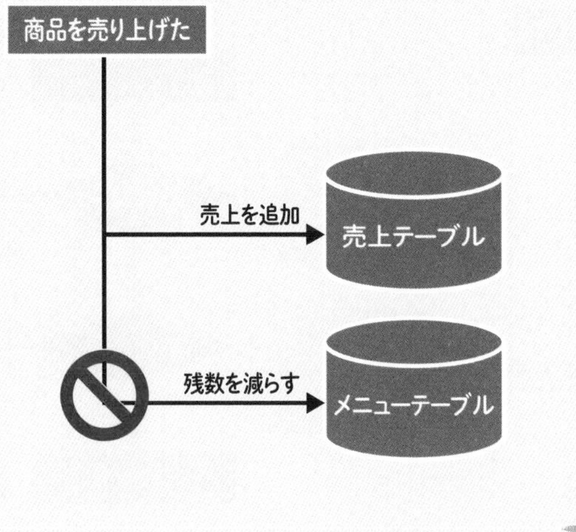

「売上」テーブルに１件のレコードが追加されたにも関わらず、「メニュー」テーブルの「残数」から１個減らしていないという状態が発生するかもしれません。つまり、実際の商品の残数と、システム上の商品の残数が合わない状態になってしまう可能性があります。

そこで重要になってくるのが、トランザクションの制御になります。

トランザクションは、１つの処理の単位です。その単位ごとに、データ処理を確定したり、処理が失敗した時点で、処理の単位ごとに元に戻したりできるようにします。

トランザクションを開始した後、すべての処理が正常に行われ、処理を確定することを**コミット**、反対に、すべての処理をなかったことにすることを**ロールバック**といいます。

トランザクション単位でコミットもしくはロールバック

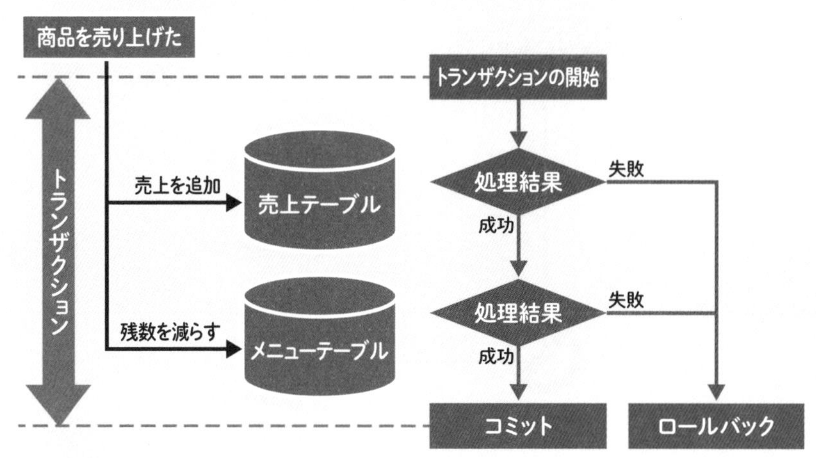

トランザクションの開始、コミット、ロールバックが基本の3つです。詳細は、次ページ以降で説明します。

トランザクションを開始する

トランザクション処理を利用するには、まず始めに、トランザクションを開始することを宣言する必要があります。トランザクション開始後に、データを追加・変更・削除した内容は、まだテーブルへの編集内容を確定していません。

トランザクションを開始するには、MySQLの場合、"BEGIN"または"START TRANSACTION"になります。他のデータベースでは以下のとおりです。

データベースごとのトランザクション開始コマンド

データベース	実行例
Oracle	SET TRANSACTION;
SQL Server	BEGIN TRANSACTION;(または BEGIN TRAN;)
PostgreSQL	BEGIN;

実際の実行結果は、以下のとおりです。

```
mysql> BEGIN; Enter
Query OK, 0 rows affected (0.000 sec)
```

この時点では、まだトランザクションの開始を宣言しただけです。続いて、「メニュー」テーブルにある「メニュー名」がハンバーグの「残数」を5に変更してみましょう。

```
mysql> UPDATE メニュー Enter
    -> SET 残数=5 Enter
    -> WHERE メニュー名='ハンバーグ'; Enter
Query OK, 1 row affected (0.021 sec)
Rows matched: 1  Changed: 1  Warnings: 0
```

では「メニュー」テーブルのデータを確認してみましょう。

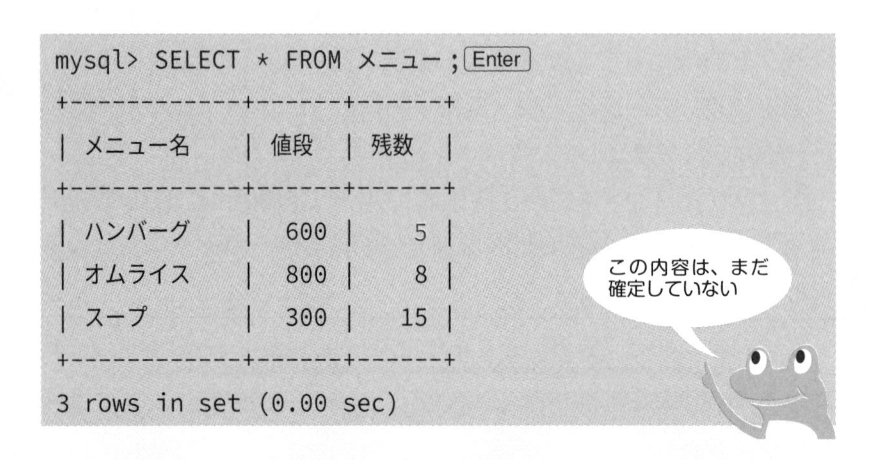

```
mysql> SELECT * FROM メニュー; Enter
+------------+------+------+
| メニュー名 | 値段 | 残数 |
+------------+------+------+
| ハンバーグ |  600 |    5 |
| オムライス |  800 |    8 |
| スープ     |  300 |   15 |
+------------+------+------+
3 rows in set (0.00 sec)
```


この時点で、テーブルの内容ではハンバーグの残数が5に更新されていますが、この内容は確定されていません。

この内容が確定されていないことを確認するために、「MySQL 8.0 Command Line Client」など接続ツールをもう一つ起動して、データベースに繋いで「メニュー」テーブルのなかみを確認してみましょう。まだ「メニュー」テーブルのデータは、更新されていませんね。

```
mysql> SELECT * FROM メニュー; Enter
+------------+------+------+
| メニュー名 | 値段 | 残数 |
+------------+------+------+
| ハンバーグ |  600 |   10 |
| オムライス |  800 |    8 |
| スープ     |  300 |   15 |
+------------+------+------+
3 rows in set (0.00 sec)
```

まだ確定していないので、編集前の状態になっている。その後、コミットするかロールバックするかを選択できる

トランザクションをコミットする

次に、トランザクション処理中のデータを確定（コミット）してみましょう。一連のデータ処理が、すべて問題なく処理された際に、データを確定（コミット）します。

前ページからの続きになりますので、以前から開いている接続ツール（UPDATE文を実行した画面）で行ってください。もし終了してしまった場合は、再度、前ページ最後の状態にしておいてください。

では、コミットを実行してみましょう。どのデータベースでも、コミットのSQLは以下のとおりです。

書式

```
COMMIT;
```

前ページのデータ処理を、コミットしてみましょう。

```
mysql> COMMIT; Enter
Query OK, 0 rows affected (0.00 sec)
```

「メニュー」テーブルのデータが更新されているか、確認してみましょう。

```
mysql> SELECT * FROM メニュー; Enter
+------------+------+------+
| メニュー名 | 値段 | 残数 |
+------------+------+------+
| ハンバーグ |  600 |    5 |
| オムライス |  800 |    8 |
| スープ     |  300 |   15 |
+------------+------+------+
3 rows in set (0.00 sec)
```

「コミット」(COMMIT) によって、データ更新が確定した！ どのセッションからみても、同じ値が表示される！

データ処理を行った接続ツールとは別の「MySQL 8.0 Command Line Client」から確認した場合も、同様の結果となります。

今回はコミットを行ったので、別の接続からも「メニュー」テーブルのデータが更新されていますね。

これが、トランザクション処理のコミット(確定)です。次のページでは、トランザクション処理のロールバック(元に戻す)を見てみましょう。

トランザクションをロールバックする

トランザクション実行中のデータ処理を元に戻してみましょう(ロールバック)。一連のデータ処理の途中で問題が発生した場合、トランザクションを開始する前までデータを元の状態に戻すことが可能です。どのデータベースでも、トランザクションをロールバックするSQLは、以下のとおりです。

書式

```
ROLLBACK;
```

まずは、上記SQLを実行し、トランザクションを開始します。

```
mysql> BEGIN; Enter
```

次に、「メニュー」テーブルにある「メニュー名」が“ハンバーグ”の「残数」を3に変更してみましょう。

```
mysql> UPDATE メニュー Enter
    -> SET 残数 = 3 Enter
    -> WHERE メニュー名 = 'ハンバーグ'; Enter
```

さらに、「メニュー」テーブルにある「メニュー名」が“スープ”の「残数」を10に変更してみましょう。

```
mysql> UPDATE メニュー Enter
    -> SET 残数 = 10 Enter
    -> WHERE メニュー名 = 'スープ'; Enter
```

この状態で、「メニュー」テーブルの内容を確認してみましょう。

```
mysql> SELECT * FROM メニュー; Enter
+-----------+------+------+
| メニュー名     | 値段  | 残数  |
+-----------+------+------+
| ハンバーグ     |  600 |    3 |
| オムライス     |   80 |    8 |
| スープ        |  300 |   10 |
+-----------+------+------+
3 rows in set (0.00 sec)
```

UPDATEコマンドを実行した接続ツールで、更新した内容どおりになっていることを確認

UPDATEコマンドを実行した接続ツールでは、更新した内容で表示されています。しかし、コミットしていないため、いつでもロールバックすることにより、元の状態に戻すことができます。

では、ロールバックを実行してみましょう。

```
mysql> ROLLBACK; Enter
Query OK, 0 rows affected (0.010 sec)
```

トランザクションを開始する元の状態に戻っていますね。

```
mysql> SELECT * FROM メニュー; Enter
+------------+------+------+
| メニュー名  | 値段 | 残数 |
+------------+------+------+
| ハンバーグ  |  600 |    5 |
| オムライス  |  800 |    8 |
| スープ      |  300 |   15 |
+------------+------+------+
3 rows in set (0.00 sec)
```

データ制御言語（DCL）とは

問題1（レベル：むずかしい）

「メニュー」テーブルより、スープが3個売れたケースとして、以下の処理を一連のトランザクションで行い、最後にコミットを行って処理を確定してください。

①「売上」テーブルに、以下のレコードを追加する

日付：2021/3/31
メニュー名：スープ
数量：3
売上金額：900

②「メニュー」テーブルの「メニュー名」が“スープ”の「残数」を3個減らす

「売上」テーブル

日付	メニュー名	数量	売上金額
2021/3/28	スープ	3	900
2021/3/29	オムライス	2	1600
2021/3/30	スープ	2	600
2021/3/31	スープ	3	900

追加

「メニュー」テーブル

メニュー名	値段	残数
ハンバーグ	600	5
オムライス	800	8
スープ	300	15⇒12

更新

問題2（レベル：ふつう）

以下の処理を一連のトランザクションで行いますが、最後にロールバック処理を行い、元の状態に戻してください。

また、処理終了後に、データが元の状態に戻っている（追加されていない）ことを確認してください。

①「売上」テーブルに、以下のレコードを追加する

日付：2021/3/31
メニュー名：オムライス
数量：1
売上金額：800

「売上」テーブル

日付	メニュー名	数量	売上金額
2021/3/28	スープ	3	900
2021/3/29	オムライス	2	1600
2021/3/30	スープ	2	600
2021/3/31	スープ	3	900
2021/3/31	オムライス	1	800

追加

日付	メニュー名	数量	売上金額
2021/3/28	スープ	3	900
2021/3/29	オムライス	2	1600
2021/3/30	スープ	2	600
2021/3/31	スープ	3	900
2021/3/31	オムライス	1	800

データ制御言語（DCL）とは

問題1の解説（レベル：むずかしい）

一連のトランザクションで、コミットを確認する問題です。

「売上」テーブルに3個売り上げたレコードを追加して、「メニュー」テーブルの残数を3個減らします。

最初に、トランザクションの開始を行います。

MySQLとPostgreSQLは以下のとおりですが、Oracleでは“SET TRANSACTION”、SQL Serverでは“BEGIN TRANSACTION”になります。

```
mysql> BEGIN; Enter
```

次に「売上」テーブルにレコードを追加します。

```
mysql> INSERT INTO 売上 (日付,メニュー名,数量,売上金額) Enter
    ->      VALUES ('2021-3-31', 'スープ', 3, 900); Enter
```

さらに「メニュー」テーブルを更新します。この際、現在の残数から3減らすということで、“残数＝残数-3”としています。

```
mysql> UPDATE メニュー Enter
    -> SET 残数 = 残数 - 3 Enter
    -> WHERE メニュー名 = 'スープ'; Enter
```

最後に、コミット処理を行います。

この時点でまとめてテーブルにデータが追加、更新されます。

```
mysql> COMMIT; Enter
```

コミット後、「メニュー」テーブルと「売上」テーブルに、データが反映されていることを確認してみてください

問題2の解説（レベル：ふつう）

トランザクションのロールバック処理を確認する問題です。最初に、トランザクションの開始を行います（MySQLの例です）。

```
mysql> BEGIN; Enter
```

次に「売上」テーブルにレコードを追加します。

```
mysql> INSERT INTO 売上 (日付, メニュー名, 数量, 売上金額) Enter
    ->      VALUES ('2021-3-31', 'オムライス', 1, 800); Enter
```

最後に、ロールバック処理を行います。

```
mysql> ROLLBACK; Enter
```

ロールバック後、3/31のオムライスのレコードが追加されていないことを確認してください

Chapter 03

ビュー（View）を利用しよう

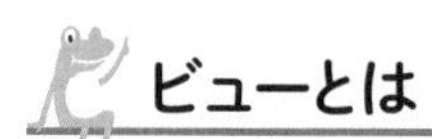

ビューとは

ビューとは、テーブルのデータをみやすいように加工して作成した、仮想的な表です。よく使うデータを取得する場合、毎回テーブルから同じSQLを書いて取得しなくても、ビューを使えばかんたんに望みどおりのデータ取得が可能です。

ビューは、データが保存されているテーブルとは違い、テーブルに保存されているデータを表示するためのもので、ビューが利用しているテーブルの値が変更されれば、自動的にビューの内容も変わります。

単純なビューの場合、ビューを経由してビューが利用するテーブルに対してデータを更新することが可能ですが、基本的には、ビューは参照専用であると理解してください。

ビューを作成しよう

ビューを作成するSQLは以下のとおりです。

書式

```
CREATE VIEW [ビュー名] AS [SELECTコマンド];
```

ビューを参照すると、SELECTコマンドと同じ効果が得られる！

それでは、「社員」テーブルから男性社員の「社員コード」と「社員名」を取得する「男性社員」ビューを作成してみましょう。

SQLは次のとおりです。

```
mysql> CREATE VIEW 男性社員 AS Enter
    -> SELECT 社員コード, 社員名 FROM 社員 WHERE 性別 = '男'; Enter
Query OK, 0 rows affected (0.11 sec)
```

「男性社員」ビューの概要

社員テーブル

社員コード	社員名	性別	生年月日	血液型	部門コード	役職コード	上司社員コード
101	青木　信玄	男	1964/09/05	A	2	1	NULL
102	川本　夏鈴	女	1965/01/12	O	1	1	NULL
103	岡田　雅宣	男	1979/01/10	B	3	1	NULL
104	坂東　理恵	女	1979/07/26	O	1	2	102
105	安達　更紗	女	1979/09/13	B	2	2	101
106	森島　春美	女	1981/02/12	AB	3	3	103
107	五味　昌幸	男	1983/06/14	A	3	NULL	106
108	新井　琴美	女	1985/07/13	O	1	NULL	104
109	森本　昌也	男	1995/05/21	B	2	NULL	105
110	古橋　明憲	男	1996/01/20	O	3	NULL	106

男性社員ビュー

社員コード	社員名
101	青木　信玄
103	岡田　雅宣
107	五味　昌幸
109	森本　昌也
110	古橋　明憲

・社員コード、社員名を選択
・男性のみ抽出
・実体はない

SELECT * FROM 男性社員;

社員コード	社員名
101	青木　信玄
103	岡田　雅宣
107	五味　昌幸
109	森本　昌也
110	古橋　明憲

ビューは、テーブルと同様の方法でデータ取得が可能です。

```
SELECT * FROM 男性社員;
```

SELECT 社員コード,社員名
FROM 社員 WHERE 性別='男';
と同じ結果が得られる！

前ページの図のように、男性社員の「社員コード」と「社員名」だけが取得されるのを確認することができます。

ビューの定義を変更しよう

今度は、ビューの定義を変更する方法を見てみましょう。ビューを変更するSQLは、以下のとおりです。

書式

```
ALTER VIEW [ビュー名] AS [SELECTコマンド];
```

ALTER VIEW [ビュー名] ASの後に、変更後のビューのSELECTコマンドを書きます。ただしOracleとPostgreSQLの場合、“ALTER VIEW”もありますが、ビューの設定や属性の変更に使われます。

OracleとPostgreSQLでビューの定義を変更したい場合は、次のようなSQLを実行します。

```
CREATE OR REPLACE VIEW [ビュー名] AS [SELECTコマンド];
```

それでは、先ほど作成した「男性社員」ビューの定義を変更してみましょう。今回は、出力結果に「血液型」も追加してみます。

MySQLとSQL Serverの場合、SQLは次のとおりです。

```
ALTER VIEW 男性社員 AS
SELECT 社員コード, 社員名, 血液型
FROM 社員 WHERE 性別 = '男';
```

「血液型」を追加して、「男性社員」ビューを作り直す！

Oracle と PostgreSQL の場合、SQL は次のとおりです。

```
CREATE OR REPLACE VIEW 男性社員 AS
SELECT 社員コード,社員名,血液型 FROM 社員 WHERE 性別='男';
```

「男性社員」ビューに「血液型」を追加

社員テーブル

社員コード	社員名	性別	生年月日	血液型	部門コード	役職コード	上司社員コード
101	青木　信玄	男	1964/09/05	A	2	1	NULL
102	川本　夏鈴	女	1965/01/12	O	1	1	NULL
103	岡田　雅宣	男	1979/01/10	B	3	1	NULL
104	坂東　理恵	女	1979/07/26	O	1	2	102
105	安達　更紗	女	1979/09/13	B	2	2	101
106	森島　春美	女	1981/02/12	AB	3	3	103
107	五味　昌幸	男	1983/06/14	A	3	NULL	106
108	新井　琴美	女	1985/07/13	O	1	NULL	104
109	森本　昌也	男	1995/05/21	B	2	NULL	105
110	古橋　明憲	男	1996/01/20	O	3	NULL	106

男性社員ビュー

社員コード	社員名
101	青木　信玄
103	岡田　雅宣
107	五味　昌幸
109	森本　昌也
110	古橋　明憲

・血液型を追加

SELECT ＊ FROM 男性社員;

社員コード	社員名	血液型
101	青木　信玄	A
103	岡田　雅宣	B
107	五味　昌幸	A
109	森本　昌也	B
110	古橋　明憲	O

ビューが正しく更新されたかどうか、「男性社員」ビューからデータを取得するSELECTコマンドを実行してみてください。

```
SELECT * FROM 男性社員;
```

SELECT 社員コード，社員名，血液型
FROM 社員 WHERE 性別='男';
が実行されるのと同じ！

新たに、「血液型」カラムが追加されているのを確認することができるでしょう。

ビューを削除しよう

最後に、ビューを削除する方法を見てみます。その前にビューを確認しておきましょう。MySQLの場合は、SHOW TABLESコマンドでビューの一覧も取得できます。

```
mysql> SHOW TABLES; Enter
+--------------------+
| Tables_in_サンプル   |
+--------------------+
| システム利用時間       |
| メニュー             |
| 取引先              |
| 売上                |
| 家計簿              |
```

```
| 役職                |
| 業種                |
| 男性社員            |
| 社員                |
| 給与                |
| 部門                |
| 顧客                |
+--------------------+
12 rows in set (0.00 sec)
```

ビューを削除するSQLは、以下のとおりです。

書式

```
DROP VIEW [ビュー名];
```

それでは、さきほど作成した「男性社員」ビューを削除してみましょう。SQLは次のとおりです。

```
mysql> DROP VIEW 男性社員; Enter
Query OK, 0 rows affected (0.00 sec)
```

ビューの削除はこれだけ！

データベースとテーブルを削除する場合は、データも削除されますが、ビューを削除する場合は、ビューが削除されるだけでビューを構成するテーブルがデータを保持しているため、データは削除されません。

では、ビューが削除されているかどうか、確認してみましょう。

MySQLの場合は、SHOW TABLESコマンドでビューの一覧も取得できます。

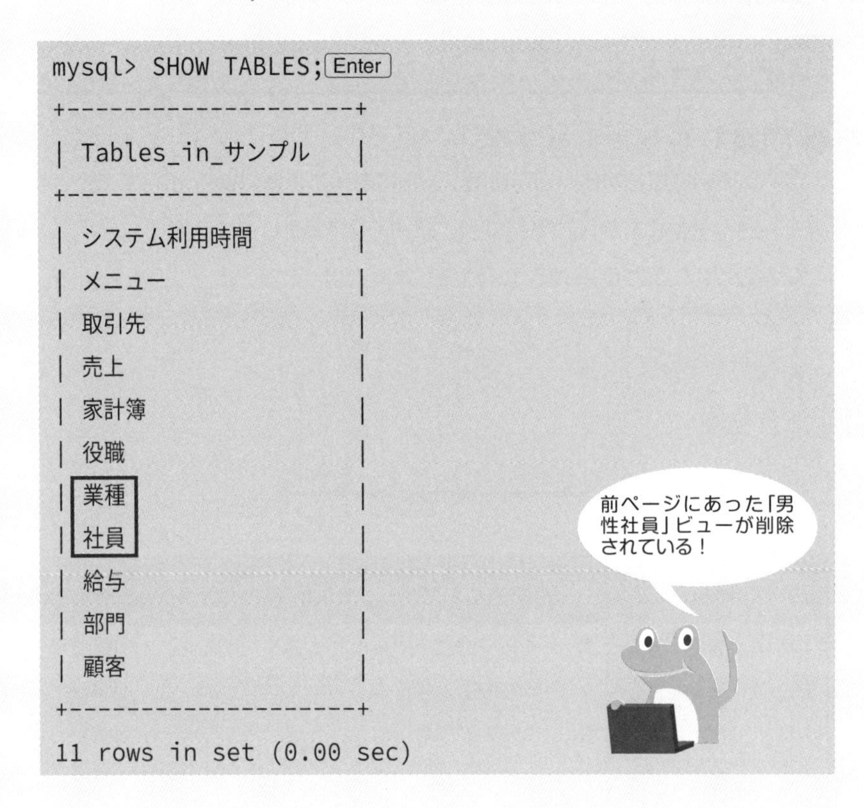

```
mysql> SHOW TABLES; Enter
+--------------------+
| Tables_in_サンプル   |
+--------------------+
| システム利用時間       |
| メニュー              |
| 取引先                |
| 売上                  |
| 家計簿                |
| 役職                  |
| 業種                  |
| 社員                  |
| 給与                  |
| 部門                  |
| 顧客                  |
+--------------------+
11 rows in set (0.00 sec)
```


MySQL以外のデータベースでビューの一覧を取得する場合は、次のSQLを実行します。

データベースごとのビューを確認するコマンド

データベース	実行例
Oracle	SELECT VIEW_NAME FROM USER_VIEWS;
SQL Server	SELECT NAME FROM SYS.SYSOBJECTS WHERE XTYPE = 'V'
PostgreSQL	¥dv;

データベースの種類によってコマンドが違うので注意！

ビューとは

問題1（レベル：ふつう）

「社員」テーブルをもとに、「性別」が“女性”かつ「部門コード」が“1”のデータを抽出する「部門1女性」ビューを作成してください。

なお出力するカラムは、以下のとおりです。

・社員コード
・社員名

「部門1女性」ビューを作成

社員テーブル

社員コード	社員名	性別	生年月日	血液型	部門コード	役職コード	上司社員コード
101	青木　信玄	男	1964/09/05	A	2	1	NULL
102	川本　夏鈴	女	1965/01/12	O	1	1	NULL
103	岡田　雅宣	男	1979/01/10	B	3	1	NULL
104	坂東　理恵	女	1979/07/26	O	1	2	102
105	安達　更紗	女	1979/09/13	B	2	2	101
106	森島　春美	女	1981/02/12	AB	3	3	103
107	五味　昌幸	男	1983/06/14	A	3	NULL	106
108	新井　琴美	女	1985/07/13	O	1	NULL	104
109	森本　昌也	男	1995/05/21	B	2	NULL	105
110	古橋　明憲	男	1996/01/20	O	3	NULL	106

部門1女性ビュー

社員コード	社員名
102	川本　夏鈴
104	坂東　理恵
108	新井　琴美

・社員コード、社員名、性別、生年月日を選択
・女性かつ部門コードが1のみ抽出

問題2(レベル：むずかしい)

問題1で作成した「部門1女性」ビューを変更してください。

抽出条件は変わらず、「性別」が"女性"かつ「部門コード」が"1"のデータとします。

出力するカラムは、以下のとおりに変更します。

・社員コード
・社員名
・性別
・生年月日

「部門1女性」ビューを変更

社員テーブル

社員コード	社員名	性別	生年月日	血液型	部門コード	役職コード	上司社員コード
101	青木　信玄	男	1964/09/05	A	2	1	NULL
102	川本　夏鈴	女	1965/01/12	O	1	1	NULL
103	岡田　雅宣	男	1979/01/10	B	3	1	NULL
104	坂東　理恵	女	1979/07/26	O	1	2	102
105	安達　更紗	女	1979/09/13	B	2	2	101
106	森島　春美	女	1981/02/12	AB	3	3	103
107	五味　昌幸	男	1983/06/14	A	3	NULL	106
108	新井　琴美	女	1985/07/13	O	1	NULL	104
109	森本　昌也	男	1995/05/21	B	2	NULL	105
110	古橋　明憲	男	1996/01/20	O	3	NULL	106

部門1女性ビュー

社員コード	社員名	性別	生年月日
102	川本　夏鈴	女	1965/01/12
104	坂東　理恵	女	1979/07/26
108	新井　琴美	女	1985/07/13

・社員コード、社員名、性別、生年月日を選択
・女性かつ部門コードが1のみ抽出

ビューとは

問題1の解説（レベル：ふつう）

「部門1女性」ビューを作成するSQLは次のとおりです。

```
mysql> CREATE VIEW 部門1女性 AS Enter
    -> SELECT 社員コード, 社員名 FROM 社員 Enter
    -> WHERE 性別 = '女' AND 部門コード = '1'; Enter
```

SELECTコマンドで「部門1女性」を参照してみましょう。

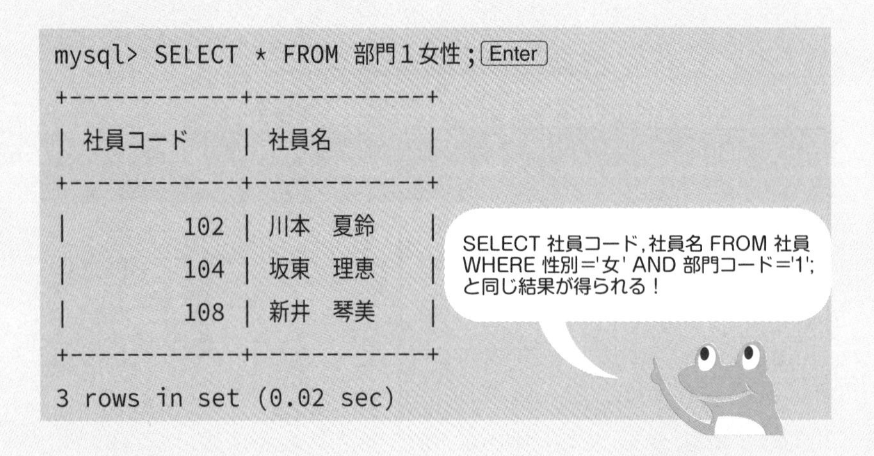

```
mysql> SELECT * FROM 部門1女性; Enter
+-----------+-----------+
| 社員コード  | 社員名     |
+-----------+-----------+
|       102 | 川本　夏鈴 |
|       104 | 坂東　理恵 |
|       108 | 新井　琴美 |
+-----------+-----------+
3 rows in set (0.02 sec)
```


後の章では、複数のテーブルを結合してデータを取得する方法などを説明しますが、SQLが複雑になればなるほど、その複雑なSQLを定義しておいてかんたんなSELECTコマンドで利用することが可能なビューの存在のありがたみが、より一層理解できることでしょう。

問題2の解説（レベル：むずかしい）

問題1で作成した「部門1女性」ビューを変更する問題です。

MySQL、SQL Serverの場合、SQLは次のとおりです。

```
ALTER VIEW 部門1女性 AS
SELECT 社員コード, 社員名, 性別, 生年月日 FROM 社員
WHERE 性別 = '女' AND 部門コード = '1';
```

Oracle、PostgreSQLの場合、SQLは次のとおりです。

```
CREATE OR REPLACE VIEW 部門1女性 AS
SELECT 社員コード, 社員名, 性別, 生年月日 FROM 社員
WHERE 性別 = '女' AND 部門コード = '1';
```

SELECTコマンドで「部門1女性」を参照してみましょう。

```
mysql> SELECT * FROM 部門1女性; Enter
+-----------+-----------+------+-----------+
| 社員コード  | 社員名      | 性別  | 生年月日     |
+-----------+-----------+------+-----------+
|       102 | 川本　夏鈴  | 女    | 1965-01-12 |
|       104 | 坂東　理恵  | 女    | 1979-07-26 |
|       108 | 新井　琴美  | 女    | 1985-07-13 |
+-----------+-----------+------+-----------+
3 rows in set  (0.02 sec)
```

「性別」と「生年月日」が
追加された！

Chapter 03

この章のまとめ

本章では、**データ定義言語**（DDL）とデータ制御言語（DCL）について、学習しました。データ操作言語（DML）では、「SELECT」「INSERT」「UPDATE」「DELETE」の４つが基本だったのに対し、データ定義言語とデータ制御言語は、「CREATE」「ALTER」「DROP」の３つのコマンドが基本です。

続いて、データ制御言語ですが、「BEGIN TRANSACTION」「COMMIT TRANSACTION」「ROLLBACK TRANSACTION」の３つのコマンドが基本です。

データ定義言語については、テーブル設計が済んだあとは、利用頻度が低いかも知れませんが、今後、データベース・アプリケーション内でテーブルを作成したり削除したりするケースもあるかと思いますので、覚えておいて損はありません。

データ制御言語は、データ操作言語の「INSERT」「UPDATE」「DELETE」によって追加・変更・削除したデータを最初からやりなおしたり、矛盾が発生しないようにしたりするためのもので、非常に重要です。しっかりと身に付けておきましょう。

実践的なSQLを学ぼう

Chapter 04

データ型に関する操作のきほん

文字列操作のきほん

まずは、文字列データを操作する方法を見てみましょう。文字列データの操作には、たとえば、文字列のなかから指定した文字数分だけ取得したり、指定した文字列を別の文字列に置換したりする方法などがあります。

文字列の左右から一部分のみを取得する

ある文字列の左右から、一部の文字列のみを取得するには、**LEFT関数**と**RIGHT関数**を用います。

LEFT関数は、ある文字列のなかから、指定した文字数分だけ、左から文字列を取得するときに使います。

RIGHT関数は、ある文字列のなかから、指定した文字数分だけ、右から文字列を取得するときに使います。

書式　文字列を左から取得するとき

LEFT([文字列], [文字数])

［文字列］…文字列操作の対象となる文字データ

［文字数］…取得する文字数

書式　文字列を右から取得するとき

RIGHT([文字列], [文字数])

［文字列］…文字列操作の対象となる文字データ

［文字数］…取得する文字数

例として、社員テーブルの社員名について、左から２文字を取得する場合と、右から２文字を取得する場合のSQLは、次のようになります。

```
SELECT LEFT(社員名, 2), RIGHT(社員名, 2) FROM 社員;
```

```
mysql> SELECT LEFT(社員名, 2), RIGHT(社員名, 2) FROM 社員; Enter
+-------------------+--------------------+
| LEFT(社員名, 2)    | RIGHT(社員名, 2)    |
+-------------------+--------------------+
| 青木               | 信玄                |
| 川本               | 夏鈴                |
| 岡田               | 雅宣                |
| 坂東               | 理恵                |
| 安達               | 更紗                |
| 森島               | 春美                |
| 五味               | 昌幸                |
| 新井               | 琴美                |
| 森本               | 昌也                |
| 古橋               | 明憲                |
+-------------------+--------------------+
10 rows in set (0.00 sec)
```

左から２文字を取得した場合が１列名、右から２文字を取得した場合が２列目

大文字／小文字の変換

アルファベットの大文字を小文字に変換したり、または小文字から大文字に変換する方法を説明します。

まず、アルファベットの大文字を小文字に変換するには、LOWER関数を使用します。LOWER関数の構文は、次のとおりです。

書式

LOWER([アルファベット])

［アルファベット］…大文字から小文字に変換するアルファベット

全角のアルファベットも、LOWER関数によって大文字から小文字に変換することが可能です。

また、アルファベットの小文字を大文字に変換するには、UPPER関数を使用します。UPPER関数の構文は、次のとおりです。

書式

UPPER([アルファベット])

［アルファベット］…小文字から大文字に変換するアルファベット

LOWER関数と同様、全角のアルファベットも、UPPER関数によって小文字から大文字に変換することが可能です。

“Takayuki.Ikarashi”というアルファベットの文字列を、LOWER関数を用いて、すべて小文字に変換してみます。

```
mysql> SELECT LOWER("Takayuki.Ikarashi"); Enter
+----------------------------+
| LOWER("Takayuki.Ikarashi") |
+----------------------------+
| takayuki.ikarashi          |
+----------------------------+
1 row in set (0.00 sec)
```

同様に、UPPER関数を用いて、すべて大文字に変換してみます。

```
mysql> SELECT UPPER("Takayuki.Ikarashi"); Enter
+----------------------------+
| UPPER("Takayuki.Ikarashi") |
+----------------------------+
| TAKAYUKI.IKARASHI          |
+----------------------------+
1 row in set (0.00 sec)
```

全角文字のアルファベットについても、LOWER関数とUPPER関数を用いることで、大文字から小文字に変換したり、小文字から大文字に変換したりすることが可能です。

空白を削除する

文字列の前後にある半角の空白文字列を消去したい場合、**TRIM関数**を使用します。

書式

```
TRIM([文字列]
```

［文字列］…前後にある半角の空白を削除したい文字列

また、文字列の前方にある半角の空白文字列のみを削除したい場合は**LTRIM関数**を使用します。

書式

```
LTRIM([文字列])
```

［文字列］…前方にある半角の空白を削除したい文字列

同様に、文字列の後方にある半角の空白文字列のみを削除したい場合は、**RTRIM関数**を使用します。

書式

```
RTRIM([文字列])
```

［文字列］…後方にある半角の空白を削除したい文字列

ちなみに、SQL Serverには、SQL Server 2017より前のバージョンでは、TRIM関数が存在しません。SQL Server 2017より前のバージョンで文字列の前後から空白を削除したい場合は、LTRIM関数とRTRIM関数を両方使うことで、TRIM関数と同様の結果を導きます。

```
SELECT LTRIM(RTRIM([文字列]));
```

文字列“_ab_c_”(半角空白を“_”で表しています)について、TRIM関数、LTRIM関数、RTRIM関数を用いた結果を、それぞれ示します。

```
mysql> SELECT TRIM('_ab_c_'); Enter
+----------------+
| TRIM('_ab_c_') |
+----------------+
| ab_c           |
+----------------+
1 row in set (0.00 sec)
```

TRIM関数の場合、前後の半角空白が削除される。「b」と「c」の間の半角空白は、削除されない

```
mysql> SELECT LTRIM('_ab_c_'); Enter
+-----------------+
| LTRIM('_ab_c_') |
+-----------------+
| ab_c_           |
+-----------------+
1 row in set (0.00 sec)
```

LTRIM関数の場合、前方の半角空白のみが削除される

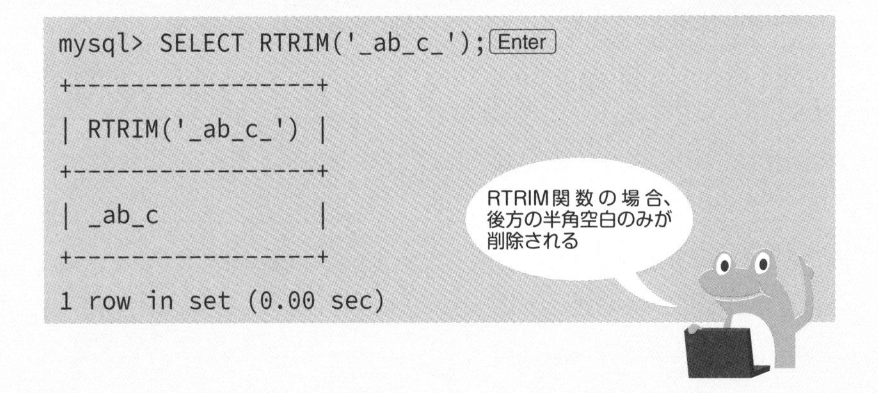

```
mysql> SELECT RTRIM('_ab_c_'); Enter
+-----------------+
| RTRIM('_ab_c_') |
+-----------------+
| _ab_c           |
+-----------------+
1 row in set (0.00 sec)
```

文字列の長さを求める

文字列の長さを求めるには、**LENGTH関数**を用います。

書式

> **LENGTH([文字列])**
>
> [文字列] …長さを求める文字列

このLENGTH関数は、データベースの種類によって仕様が異なるので、注意が必要です。たとえば、SQL Serverの場合、「LENGTH」ではなく「LEN」と略します。

書式

> **LEN([文字列])**
>
> [文字列] …長さを求める文字列

また、MySQLの場合、文字列の長さはバイト数を表します。しかし、PostgreSQL、Oracle、SQL Serverの場合、文字列の長さは文字数を表します。

つまり、MySQLの場合、

> **LENGTH('あいうえお')**

Command Line Client - Unicodeを使っている場合、結果は「15」を返す

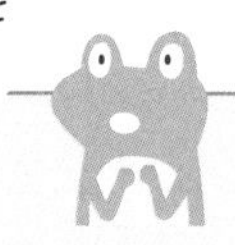

の結果は「10」となり、PostgreSQL、Oracle、SQL Serverの場合、

> **LENGTH('あいうえお')**

SQL Serverの場合は、LEN('あいうえお')

の結果は「5」となります。

MySQLの場合の実行結果は次のようになります。

```
mysql> SELECT LENGTH('abcde'); Enter
+-----------------+
| LENGTH('abcde') |
+-----------------+
|               5 |
+-----------------+
1 row in set (0.00 sec)

mysql> SELECT LENGTH('あいうえお'); Enter
+---------------------+
| LENGTH('あいうえお')    |
+---------------------+
|                  10 |
+---------------------+
1 row in set (0.00 sec)
```

MySQLにて、全角文字も文字数で取得する場合は、**CHARACTER_LENGTH**関数を使います。

```
mysql> SELECT CHARACTER_LENGTH('あいうえお'); Enter
+-------------------------------+
| CHARACTER_LENGTH('あいうえお')    |
+-------------------------------+
|                             5 |
+-------------------------------+
1 row in set (0.00 sec)
```

文字列を補填する

文字列を取得する際、文字列の前方、もしくは後方に、特定の文字列を補填して取得することができます。文字列の前方に特定の文字を補填して取得する場合は、LPAD関数を使用します。

書式

LPAD([文字列], [文字数], [補填文字])

[文字列] …文字を補填する文字列

[文字数] …文字を補填したあとの文字数

[補填文字] …文字列の前方に補填する文字

また、文字列の後方に特定の文字を補填して取得する場合は、RPAD関数を使用します。

書式

RPAD([文字列], [文字数], [補填文字])

[文字列] …文字を補填する文字列

[文字数] …文字を補填したあとの文字数

[補填文字] …文字列の後方に補填する文字

ただし、SQL Serverの場合、LPAD関数・RPAD関数ともに存在しません。また、PostgreSQLの場合、[補填文字]を省略することができます。その場合、半角空白が補填されます。

書式

LPAD([文字列], [文字数])

RPAD([文字列], [文字数])

PostgreSQLのみ。補填文字を省略した場合は、半角空白が補填される

“SUZUKI”という文字列に対し、文字数が10文字になるまで、文字列の前方に“*”(アスタリスク)を補填する場合、

```
mysql> SELECT LPAD('SUZUKI', 10, '*');Enter
+-------------------------+
| LPAD('SUZUKI', 10, '*') |
+-------------------------+
| ****SUZUKI              |
+-------------------------+
```

同様に、“TANAKA”という文字列に対し、文字数が10文字になるまで、文字列の後方に“*”を補填する場合、

```
mysql> SELECT RPAD('TANAKA', 10, '*');Enter
+-------------------------+
| RPAD('TANAKA', 10, '*') |
+-------------------------+
| TANAKA****              |
+-------------------------+
```

ちなみに、MySQLのLENGTH関数は文字数ではなくバイト数でしたが、MySQLのLPAD関数とRPAD関数の第2引数に指定するのは、バイト数ではなく文字数です。

```
mysql> SELECT LPAD('鈴木', 10, '*');Enter
+-----------------------+
| LPAD('鈴木', 10, '*') |
+-----------------------+
| ********鈴木          |
+-----------------------+
```

全角文字の場合でも、文字数で数えるため、左記の場合、”鈴木”は2文字分となる

文字列を置換する

文字データに含まれる特定の文字列を、別の文字列に置換して取得するには、REPLACE関数を使用します。

書式

REPLACE([文字データ], [対象文字列], [置換後文字列])

[文字データ] …置換する文字列が含まれている文字データ

[対象文字列] …置換対象となる文字列

[置換後文字列] …[対象文字列]の置換後となる文字列

REPLACE関数の例

たとえば、テーブルのなかに郵便番号や電話番号がハイフン(-)付きで保存されている場合、そのハイフンを削除した状態で取得するときなどに、REPLACE関数を利用することができます。

住所一覧テーブル

郵便番号	住所
123-4567	○○県○○市○○
123-4568	○○県○○市△△
123-4569	○○県○○市□□

```
SELECT
    REPLACE(郵便番号, '-', '') AS 郵便番号
  , 住所
FROM
    住所一覧
```

「123-4567」を「1234567」のように、ハイフンを削除して取得できる！

```
ORDER BY
  郵便番号;
```

“鈴木一郎”という文字データのなかから、“鈴木”という文字列を検索し、“佐藤”という文字列に置換する場合、

```
mysql> SELECT REPLACE("鈴木一郎", "鈴木", "佐藤"); Enter
+-------------------------------------+
| REPLACE("鈴木一郎", "鈴木", "佐藤")     |
+-------------------------------------+
| 佐藤一郎                              |
+-------------------------------------+
1 row in set (0.00 sec)
```

［置換後文字列］を空にすることで、指定した文字列を削除する場合にも使えます。たとえば、“鈴木一郎”という文字データのなかから、“鈴木”という文字列を削除したい場合は、次のようなSQLを実行します。

```
mysql> SELECT REPLACE("鈴木一郎", "鈴木", ""); Enter
+---------------------------------+
| REPLACE("鈴木一郎", "鈴木", "")     |
+---------------------------------+
| 一郎                              |
+---------------------------------+
1 row in set (0.00 sec)
```

文字列の部分取得

文字列データのなかから、ある一部分だけを取得したい場合は、SUBSTRING関数を使用します。SUBSTRING関数の構文は、次のとおりです。

書式

SUBSTRING([文字列], [開始位置], [長さ])

[文字列] …対象とする文字列データ

[開始位置] …取得を開始する位置（前方からの文字数）

[長さ] …取得する文字数

216ページで紹介したLEFT関数は、文字列データを前方から指定した文字数分だけ取得する関数で、217ページで紹介したRIGHT関数は、文字列データを後方から指定した文字数分だけ取得する関数です。これに対し、SUBSTRING関数は、文字列データの途中から文字を取得したい場合に使用します。

LEFT関数／RIGHT関数／SUBSTRING関数

S	Q	L	の	ツ	ボ	と	コ	ツ
1	2	3	4	5	6	7	8	9

LEFT関数

“SQLのツボとコツ”という文字列データに対し、LEFT関数、RIGHT関数、SUBSTRING関数の各々の使い分け

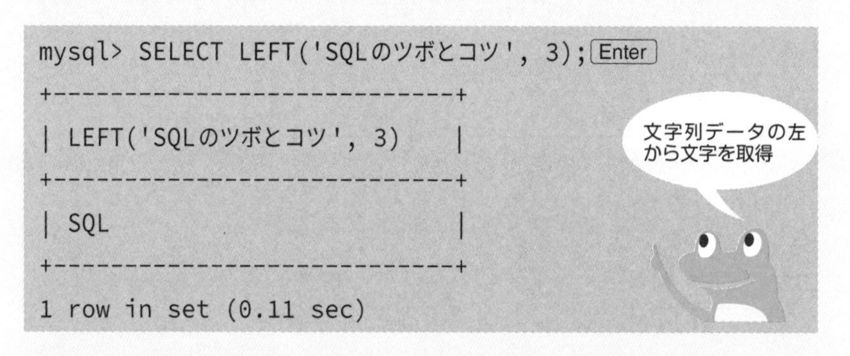

```
mysql> SELECT LEFT('SQLのツボとコツ', 3); Enter
+---------------------------+
| LEFT('SQLのツボとコツ', 3)   |
+---------------------------+
| SQL                       |
+---------------------------+
1 row in set (0.11 sec)
```


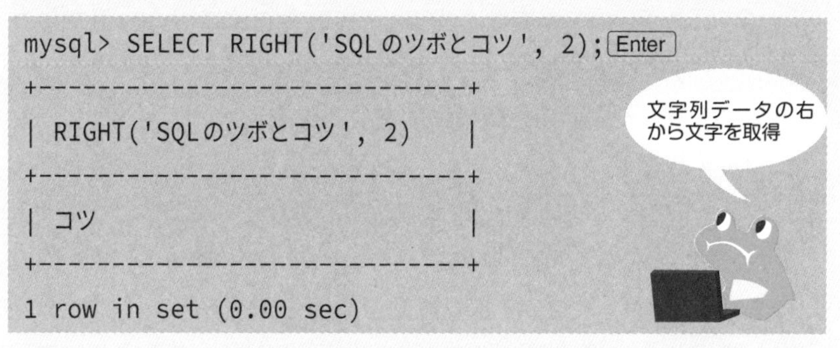

```
mysql> SELECT RIGHT('SQLのツボとコツ', 2); Enter
+----------------------------+
| RIGHT('SQLのツボとコツ', 2)   |
+----------------------------+
| コツ                        |
+----------------------------+
1 row in set (0.00 sec)
```


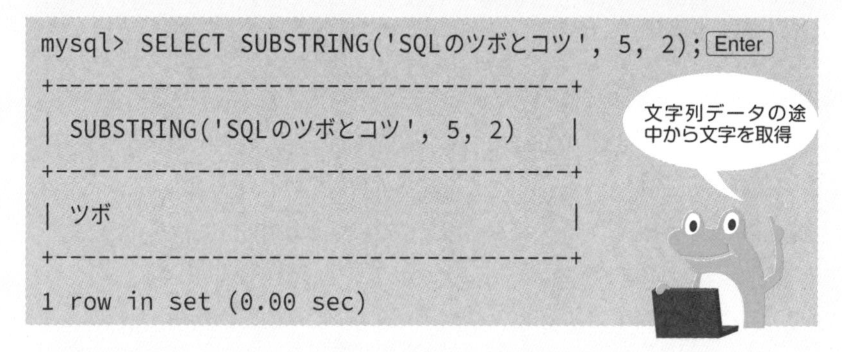

```
mysql> SELECT SUBSTRING('SQLのツボとコツ', 5, 2); Enter
+-----------------------------------+
| SUBSTRING('SQLのツボとコツ', 5, 2)   |
+-----------------------------------+
| ツボ                               |
+-----------------------------------+
1 row in set (0.00 sec)
```


ちなみに、Oracleの場合、SUBSTRING関数は存在せず、かわりとなるSUBSTR関数を使います。

指定した文字の位置を検索する

文字列のなかから、指定した文字が存在する位置を前方からの文字数で取得するには、INSTR関数を使用します。INSTR関数の構文は、次のとおりです。

書式

INSTR([文字列], [検索する文字])

[文字列]…文字を検索する対象となる文字列

[検索する文字]…文字列のなかから検索する文字

[文字列]のなかに[検索する文字]が複数存在する場合、最初に見つかった文字の位置を返します。また、検索する文字が2文字以上ある場合、検索する文字の先頭の位置を返します。

INSTR関数の使い方としては、たとえば指定した文字が存在するかどうかのチェックのために使用することが考えられます。

また、LEFT関数やRIGHT関数とあわせて使用することで、指定した文字が含まれる文字位置の前方の文字を取得したり、指定した文字が含まれる文字位置の後方の文字を取得したりする場合に使用することができます。具体的な例としては、人物の名前において、姓と名の間に空白文字列が含まれる場合、その空白文字の位置を、INSTR関数を用いて取得することで、姓と名をわけて取得することができます(233ページに、全角空白の位置を取得して、姓と名に分割する問題があります。ぜひ、チャレンジしてみてください)。

INSTR関数の挙動について

あ	い	う	え	お	あ	い	う	え	お
1	2	3	4	5	6	7	8	9	10

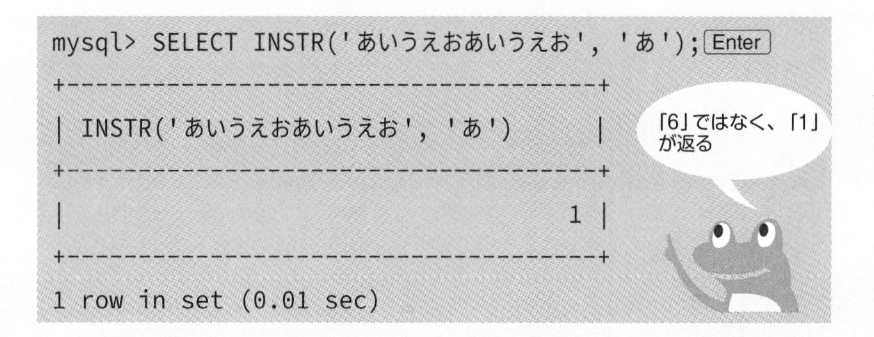

```
mysql> SELECT INSTR('あいうえおあいうえお', 'あ'); Enter
+-----------------------------------+
| INSTR('あいうえおあいうえお', 'あ')   |
+-----------------------------------+
|                                 1 |
+-----------------------------------+
1 row in set (0.01 sec)
```


あ	い	う	え	お	か	き	く	け	こ
1	2	3	4	5	6	7	8	9	10

```
mysql> SELECT INSTR('あいうえおかきくけこ', 'かき'); Enter
+-------------------------------------+
| INSTR('あいうえおかきくけこ', 'かき')     |
+-------------------------------------+
|                                   6 |
+-------------------------------------+
1 row in set (0.00 sec)
```

検索する文字が2文字以上ある場合、先頭の文字の位置が返る

文字列操作のきほん

問題1（レベル：ふつう）

「社員名」テーブルの「社員名」は、全角空白で姓と名を分割しています。

「社員」テーブルの「社員名」について、次の図のように、姓と名の間の全角空白を取り除いた状態を取得するSQLを作成してください。

社員コード	社員名	性別	生年月日	血液型	部門コード	役職コード	上司社員コード
101	青木　信玄	男	1964/09/05	A	2	1	NULL
102	川本　夏鈴	女	1965/01/12	O	1	1	NULL
103	岡田　雅宣	男	1979/01/10	B	3	1	NULL
104	坂東　理恵	女	1979/07/26	O	1	2	102
105	安達　更紗	女	1979/09/13	B	2	2	101
106	森島　春美	女	1981/02/12	AB	3	3	103
107	五味　昌幸	男	1983/06/14	A	3	NULL	106
108	新井　琴美	女	1985/07/13	O	1	NULL	104
109	森本　昌也	男	1995/05/21	B	2	NULL	105
110	古橋　明憲	男	1996/01/20	O	3	NULL	106

姓名
青木信玄
川本夏鈴
岡田雅宣
坂東理恵
安達更紗
森島春美
五味昌幸
新井琴美
森本昌也
古橋明憲

ヒント

全角空白だけを取り除くため、全角空白を空っぽの文字で置換するSQLを作成すればよいだけです。

問題2（レベル：むずかしい）

「社員名」テーブルの「社員名」は、全角空白で姓と名を分割しています。

「社員」テーブルの「社員名」について、次の図のように、姓と名を分けて取得するSQLを作成してください。

社員コード	社員名	性別	生年月日	血液型	部門コード	役職コード	上司社員コード
101	青木　信玄	男	1964/09/05	A	2	1	NULL
102	川本　夏鈴	女	1965/01/12	O	1	1	NULL
103	岡田　雅宣	男	1979/01/10	B	3	1	NULL
104	坂東　理恵	女	1979/07/26	O	1	2	102
105	安達　更紗	女	1979/09/13	B	2	2	101
106	森島　春美	女	1981/02/12	AB	3	3	103
107	五味　昌幸	男	1983/06/14	A	3	NULL	106
108	新井　琴美	女	1985/07/13	O	1	NULL	104
109	森本　昌也	男	1995/05/21	B	2	NULL	105
110	古橋　明憲	男	1996/01/20	O	3	NULL	106

姓	名
青木	信玄
川本	夏鈴
岡田	雅宣
坂東	理恵
安達	更紗
森島	春美
五味	昌幸
新井	琴美
森本	昌也
古橋	明憲

ヒント

まずは、全角空白の位置を取得します。姓は、「社員名」の前方より、全角空白の位置までの文字列を取得することで求まります。名は、「社員名」の後方より、「社員名」の文字数から全角空白の位置までを減算した数だけの文字数分を取得することで求まります。

文字列操作のきほん

問題1の解説（レベル：ふつう）

ヒントにも記載したとおり、「社員名」に含まれる全角空白を空っぽの文字で置換するSQLを作成すればよいだけです。

SQLは、次のとおりです。

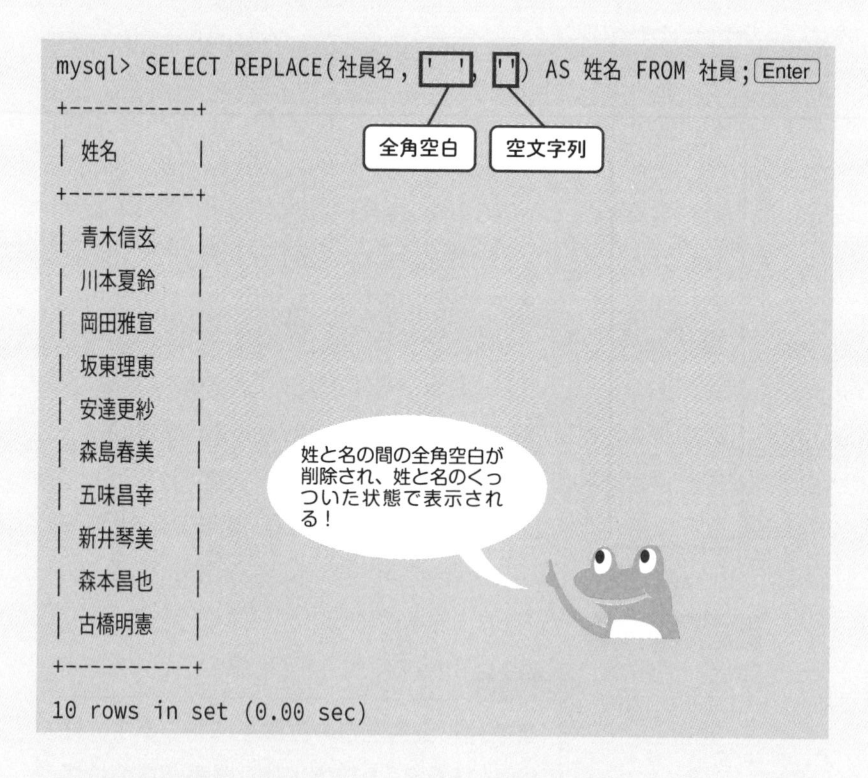

```
mysql> SELECT REPLACE(社員名,'　','') AS 姓名 FROM 社員; Enter
+----------+
| 姓名     |
+----------+
| 青木信玄 |
| 川本夏鈴 |
| 岡田雅宣 |
| 坂東理恵 |
| 安達更紗 |
| 森島春美 |
| 五味昌幸 |
| 新井琴美 |
| 森本昌也 |
| 古橋明憲 |
+----------+
10 rows in set (0.00 sec)
```


文字列を置換する関数は、REPLACE関数でしたね。不要な文字を削除する方法として、REPLACE関数を使用することを覚えていれば、この問題はかんたんだったことでしょう。

問題2の解説（レベル：むずかしい）

複数の関数を組み合わせて使用する必要があり、かなりの難問です。SQLは、次のとおりです。

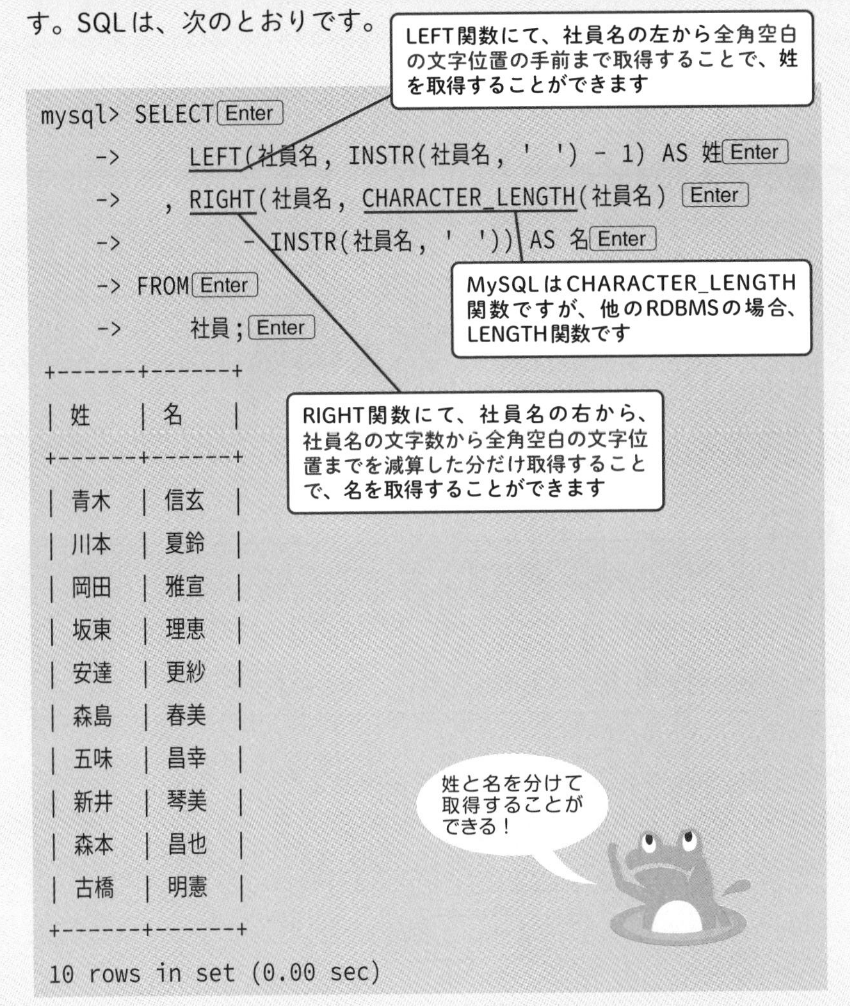

```
mysql> SELECT Enter
    ->     LEFT(社員名, INSTR(社員名, '　') - 1) AS 姓 Enter
    ->   , RIGHT(社員名, CHARACTER_LENGTH(社員名) Enter
    ->         - INSTR(社員名, '　')) AS 名 Enter
    -> FROM Enter
    ->     社員; Enter
+------+------+
| 姓   | 名   |
+------+------+
| 青木 | 信玄 |
| 川本 | 夏鈴 |
| 岡田 | 雅宣 |
| 坂東 | 理恵 |
| 安達 | 更紗 |
| 森島 | 春美 |
| 五味 | 昌幸 |
| 新井 | 琴美 |
| 森本 | 昌也 |
| 古橋 | 明憲 |
+------+------+
10 rows in set (0.00 sec)
```


このように、SQLの関数は、関数の戻り値を別の関数の引数として使用することができます。

数値操作のきほん

数値データの操作として、剰余を計算する方法と、端数処理に関する3つの計算結果（四捨五入・切り捨て・切り上げ）を求める方法について、説明します。

剰余を計算する

剰余とは、ある数を割り算した余りのことを言います。

10 ÷ 3 → 3あまり1

これが剰余

剰余を求める構文は、次のとおりです。

書式

> **MOD([割られる数], [割る数])**
>
> [割られる数] …10 ÷ 3を例にすれば、「10」に該当する値
>
> [割る数] …10 ÷ 3を例にすれば、「3」に該当する値

実際にSQLを実行して結果を見てみましょう。

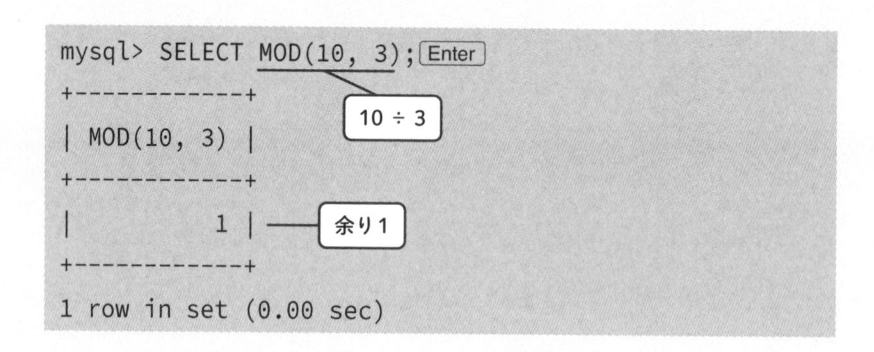

```
mysql> SELECT MOD(10, 3); Enter
+------------+
| MOD(10, 3) |
+------------+
|          1 |
+------------+
1 row in set (0.00 sec)
```

いっけんすると、「剰余なんて何に使うんだ？」と思う方も多いかも知れません。しかし、剰余は使い方によっては大変便利です。

例として、「280秒」を分に直す場合を考えてみましょう。280秒を分に直すには、60秒（1分）で割った答えが「分」となり、その余りは「秒」のままです。つまり、次のようになります。

280 ÷ 60 = 4 余り 40

よって、280秒は4分40秒であり、「分」に換算できずに余った「秒」は、剰余によって求めることができます。

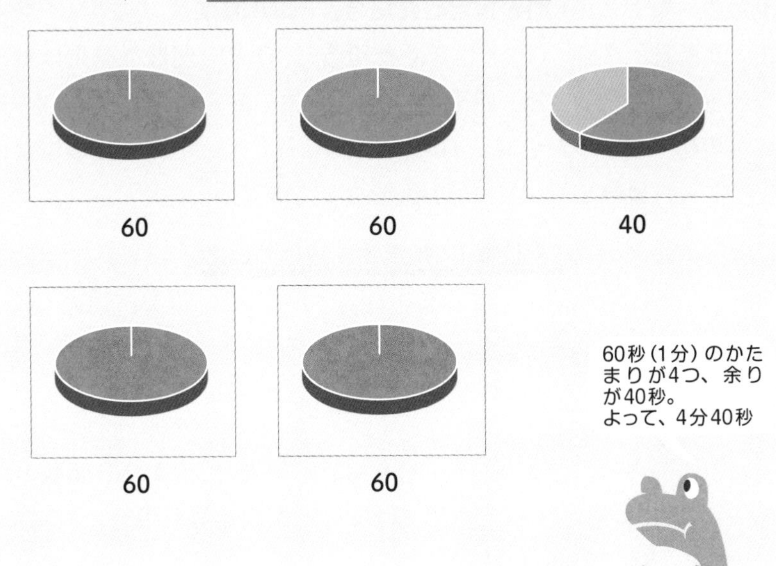

四捨五入

数値の端数処理(四捨五入・切り捨て・切り上げ)は、数値を扱うシステムの場合、さまざまなところで使用されます。一般的な例でいえば、消費税計算の際に1円未満の扱いをあげることができます。

SQLで四捨五入をする場合は、次のような構文を用います。

書式

ROUND([**数値**], [**桁位置**])

[数値] …四捨五入を行う対象となる数値

[桁位置] …四捨五入を行った後の小数点位置

[桁位置]には、四捨五入を行った後の小数点位置を整数で指定するため、たとえば「2」と指定した場合、ROUND関数の結果は小数点第2位で表示され、「0」と指定した場合、ROUND関数の結果は整数で表示されます。また、四捨五入を10の位、あるいは100の位など、整数の桁数で行う場合は、10の位の場合は「-1」、100の位の場合は「-2」など、負数を用いて[桁位置]を指定します。

「桁位置」に指定する数について

	10000の位	1000の位	100の位	10の位	1の位		小数点第1位	小数点第2位	小数点第3位	小数点第4位
	1	2	3	4	5	.	1	1	1	1
[桁位置]に指定する値	-4	-3	-2	-1	0		1	2	3	4

上の図の場合、[桁位置]に「2」を指定した場合、ROUND関数の結果は「12345.68」となり、[桁位置]に「-2」を指定した場合、ROUND関数の結果は「12300」となります。

実際に、SQLコマンドを入力して確認してみましょう。

[桁位置]に「2」を指定して、「12345.6789」の数値を小数点第3位で四捨五入し、小数点第2位までを表示するようにした例です。

```
mysql> SELECT ROUND(12345.6789, 2); Enter
+----------------------+
| ROUND(12345.6789, 2) |
+----------------------+
|             12345.68 |
+----------------------+
1 row in set (0.00 sec)
```

次に、[桁位置]に「-2」を指定して、「12345.6789」の数値を10の位で四捨五入し、100の位までを表示するようにした例です。

```
mysql> SELECT ROUND(12345.6789, -2); Enter
+-----------------------+
| ROUND(12345.6789, -2) |
+-----------------------+
|                 12300 |
+-----------------------+
1 row in set (0.00 sec)
```

負数を指定することで整数の桁位置を四捨五入するというのが、若干わかりづらいかも知れません。四捨五入を含め、切り上げや切り捨てなどの端数処理は、数値を扱うシステムではよく使う処理ですので、しっかりと覚えておきましょう。

切り捨て

今度は、端数処理の切り捨てについて、見てみましょう。SQLで切り捨てを行う場合は、次のような構文を用います。

書式

TRUNCATE([数値],[桁位置])

[数値]…四捨五入を行う対象となる数値

[桁位置]…四捨五入を行った後の小数点位置

四捨五入を行うROUND関数と同様に、[桁位置]には、切り捨てを行った後の小数点位置を整数で指定するため、たとえば「2」と指定した場合、TRUNCATE関数の結果は小数点第2位で表示され、「0」と指定した場合、TRUNCATE関数の結果は整数で表示されます。また、切り捨てを10の位、あるいは100の位など、整数の桁数で行う場合は、10の位の場合は「-1」、100の位の場合は「-2」など、負数を用いて[桁位置]を指定します。

前ページのROUND関数の説明についても、併せてご覧ください。実際に、SQLコマンドを入力して確認してみます。

[桁位置]に「2」を指定して、「12345.6789」の数値を小数点第3位で切り捨てし、小数点第2位までを表示するようにした例です。

```
mysql> SELECT TRUNCATE(12345.6789, 2); Enter
+--------------------------+
| TRUNCATE(12345.6789, 2) |
+--------------------------+
|                12345.67 |
+--------------------------+
1 row in set (0.00 sec)
```

次に、[桁位置]に「-2」を指定して、「12345.6789」の数値を10の位で切り捨てし、100の位までを表示するようにした例です。

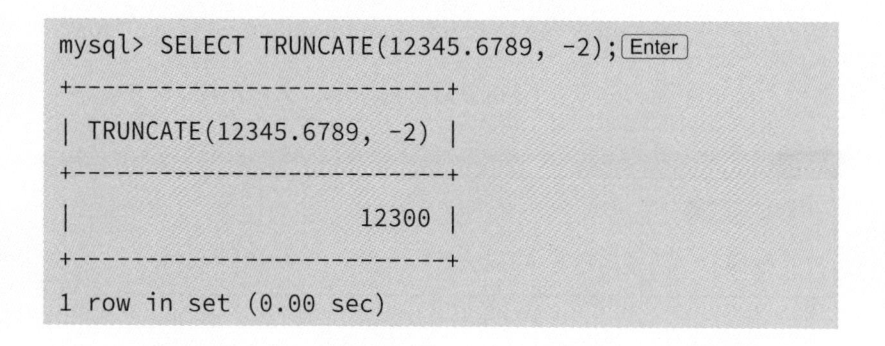

```
mysql> SELECT TRUNCATE(12345.6789, -2); Enter
+--------------------------+
| TRUNCATE(12345.6789, -2) |
+--------------------------+
|                    12300 |
+--------------------------+
1 row in set (0.00 sec)
```

ちなみに、PostgreSQLの場合、TRUNCATE関数のかわりにTRUNC関数が存在します。引数の使い方は、TRUNCATE関数と同じです。

また、SQL Serverの場合、切り捨てを行う関数自体がありません。SQL Serverで切り捨てを行う場合は、ROUND関数を次のように使用します。

書式

ここがポイント！

ROUND([数値], [桁位置], 1)

[数値] …切り捨てを行う対象となる数値

[桁位置] …切り捨てを行った後の小数点位置

このように、SQL Serverの場合、TRUNCATE関数がないかわりに、ROUND関数の第3引数に「1」を指定することで、ROUND関数で切り捨てを行うことができます。

切り上げ

今度は、端数処理の切り上げについて、見てみましょう。ただ、MySQLには、切り上げのための関数がありません。切り上げと似たような処理をする関数として、CEIL関数（CEILINGと記述することもできます）があります。CEIL関数の構文は、次のとおりです。

書式

CEIL([数値])

［数値］…処理対象とする数値

CEIL関数は、端数処理を行う桁数を指定できません。小数点以下が端数処理の対象となります。

CEIL関数が切り上げ処理としては使えない点として、[数値]が正の数の場合は切り上げが行われますが、負の数の場合、切り上げにはなりません。

例として、「123.45」と「-123.45」をCEIL関数にて実行してみましょう。まず、「123.45」をCEIL関数で実行した場合の結果は、次のとおりです。

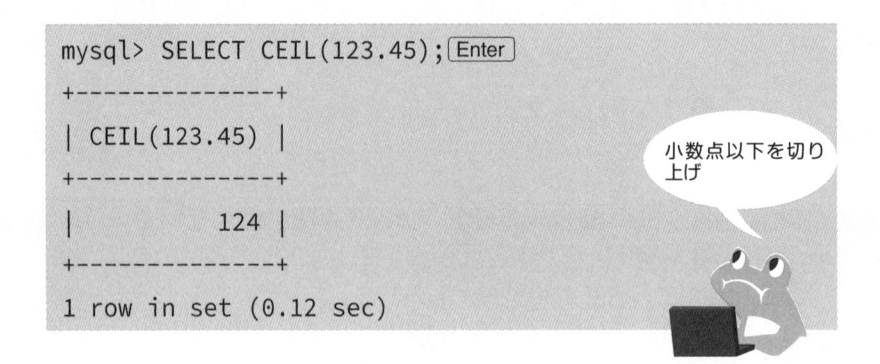

```
mysql> SELECT CEIL(123.45); Enter
+--------------+
| CEIL(123.45) |
+--------------+
|          124 |
+--------------+
1 row in set (0.12 sec)
```

続いて、負の数である「-123.45」をCEIL関数で実行してみましょう。結果は、次のようになります。

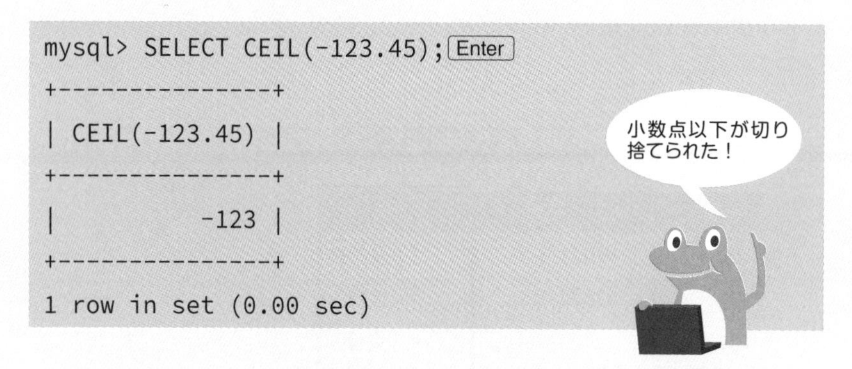


```
mysql> SELECT CEIL(-123.45); Enter
+---------------+
| CEIL(-123.45) |
+---------------+
|          -123 |
+---------------+
1 row in set (0.00 sec)
```

ご覧のように、小数点以下が切り捨てられてしまいました。

このようにCEIL関数は、正の数でかつ小数点以下を切り上げる場合にのみ、切り上げのための関数として使うことができます。

では、正の数でも負の数でも切り上げを行いたい場合は、どのようにすればよいのでしょうか。

それには、先ほど説明した切り捨てのための関数であるTRUNCATE関数を使います。使い方としては、たとえば小数点以下を切り上げたい場合、対象となる数値が正の数の場合は「0.9」を加算して切り捨て、対象となる数値が負の数の場合は「0.9」を減算して切り捨てます。同様に、小数点第2位を切り捨てて小数点第1位までを表示したい場合、対象となる数値が正の数の場合は「0.09」を加算して切り捨て、対象となる数値が負の数の場合は「0.09」を減算して切り捨てます。

たとえば、「-123.45」の小数点以下を切り上げたい場合、次のようにTRUNCATE関数を用います。

```
TRUNCATE(-123.45 -0.9, 0)
```

結果は、「-124」となる

数値操作のきほん

問題1(レベル:ふつう)

「システム利用時間」テーブルにて、「秒数」を分と秒に分けた結果を求めなさい。

「システム利用時間」テーブル

社員コード	日付	秒数
101	2021/8/1	2498
102	2021/8/1	1175
103	2021/8/1	2108
104	2021/8/1	3263
105	2021/8/1	2808
106	2021/8/1	2543
107	2021/8/1	3219
108	2021/8/1	1532
109	2021/8/1	3510
110	2021/8/1	2928

「秒数」カラムの値を…

求めたい結果

社員コード	日付	分	秒
101	2021/8/1	41	38
102	2021/8/1	19	35
103	2021/8/1	35	8
104	2021/8/1	54	23
105	2021/8/1	46	48
106	2021/8/1	42	23
107	2021/8/1	53	39
108	2021/8/1	25	32
109	2021/8/1	58	30
110	2021/8/1	48	48

「分」と「秒」に分割!

問題2(レベル：かんたん)

「給与」テーブルにて、「給与」カラムの値を1000の位で四捨五入した結果、切り捨てた結果、切り上げた結果をそれぞれ求めなさい。

「給与」テーブル

社員コード	金額
101	1000000
102	952000
103	702000
104	640000
105	636000
106	591000
107	404000
108	388000
109	307000
110	287000

求めたい結果

社員コード	金額	四捨五入	切り捨て	切り上げ
101	1000000	1000000	1000000	1000000
102	952000	950000	950000	960000
103	702000	700000	700000	710000
104	640000	640000	640000	640000
105	636000	640000	630000	640000
106	591000	590000	590000	600000
107	404000	400000	400000	410000
108	388000	390000	380000	390000
109	307000	310000	300000	310000
110	287000	290000	280000	290000

数値操作のきほん

問題1の解説（レベル：ふつう）

秒数から「分」を求める場合、秒数を60で除算した結果が「分」となり、その余りが残りの「秒」となります。

SQLは、次のとおりです。

```
mysql> SELECT[Enter]
    ->     社員コード[Enter]
    ->   , 日付[Enter]
    ->   , TRUNCATE(秒数 / 60, 0) AS 分[Enter]
    ->   , MOD(秒数, 60) AS 秒[Enter]
    -> FROM[Enter]
    ->     システム利用時間;[Enter]
+------------+------------+------+------+
| 社員コード | 日付       | 分   | 秒   |
+------------+------------+------+------+
|        101 | 2021-08-01 |   41 |   38 |
|        102 | 2021-08-01 |   19 |   35 |
|        103 | 2021-08-01 |   35 |    8 |
|        104 | 2021-08-01 |   54 |   23 |
|        105 | 2021-08-01 |   46 |   48 |
|        106 | 2021-08-01 |   42 |   23 |
|        107 | 2021-08-01 |   53 |   39 |
|        108 | 2021-08-01 |   25 |   32 |
|        109 | 2021-08-01 |   58 |   30 |
|        110 | 2021-08-01 |   48 |   48 |
+------------+------------+------+------+
10 rows in set (0.00 sec)
```

「分」は、秒数を60で除算した結果に対し、小数点以下を切り捨てたもの

「秒」は、秒数を60で除算した余り

問題2の解説（レベル：かんたん）

数値の端数処理のやり方さえわかっていれば、かんたんな問題ですね。

1000の位が端数処理の対象のため、それぞれ、第2引数には「-4」を指定。切り上げの際には、9999を「金額」に加算して切り捨て

```
mysql> SELECT Enter
    ->     社員コード Enter
    ->   , 金額 Enter
    ->   , ROUND(金額, -4) AS 四捨五入 Enter
    ->   , TRUNCATE(金額, -4) AS 切り捨て Enter
    ->   , TRUNCATE(金額 + 9999, -4) AS 切り上げ Enter
    -> FROM Enter
    ->     給与; Enter
+-----------+--------+---------+---------+---------+
| 社員コード | 金額    | 四捨五入 | 切り捨て | 切り上げ |
+-----------+--------+---------+---------+---------+
|       101 | 1000000 | 1000000 | 1000000 | 1000000 |
|       102 |  952000 |  950000 |  950000 |  960000 |
|       103 |  702000 |  700000 |  700000 |  710000 |
|       104 |  640000 |  640000 |  640000 |  640000 |
|       105 |  636000 |  640000 |  630000 |  640000 |
|       106 |  591000 |  590000 |  590000 |  600000 |
|       107 |  404000 |  400000 |  400000 |  410000 |
|       108 |  388000 |  390000 |  380000 |  390000 |
|       109 |  307000 |  310000 |  300000 |  310000 |
|       110 |  287000 |  290000 |  280000 |  290000 |
+-----------+--------+---------+---------+---------+
10 rows in set (0.00 sec)
```

日付操作のきほん

日付データの操作として、現在の日時を取得する方法と、日付を加減算する方法について、説明します。

現在の日時を取得する

現在の日時を取得するには、CURRENT_TIMESTAMP関数を使用します。

```
CURRENT_TIMESTAMP
```

CURRENT_TIMESTAMP関数には、引数の指定はありません。また、日付のみを取得したい場合、CURRENT_DATE関数を使用します。

```
CURRENT_DATE
```

さらに、時刻のみを取得したい場合は、CURRENT_TIME関数を使用します。

```
CURRENT_TIME
```

この3つの関数に関し、戻り値はいずれも日付型となります。

現在の日時を取得する関数として、MySQLやPostgreSQLの場合はNOW関数が、Oracleの場合はSYSDATE関数が、SQL Serverの場合はGET_DATE関数がありますが、これらデータベースの種類による独自の関数はなるべく使わずに、ANSI標準であるCURRENT_TIMESTAMPを使うようにしてください。

では、この3つの関数を実行した場合の結果を見てみましょう。

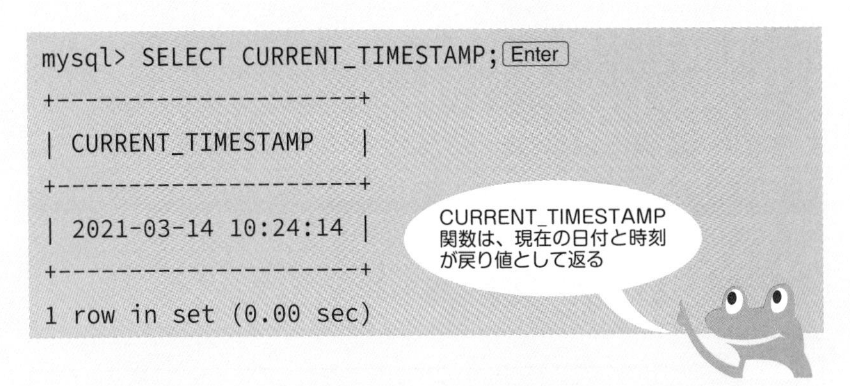

```
mysql> SELECT CURRENT_TIMESTAMP; Enter
+---------------------+
| CURRENT_TIMESTAMP   |
+---------------------+
| 2021-03-14 10:24:14 |
+---------------------+
1 row in set (0.00 sec)
```


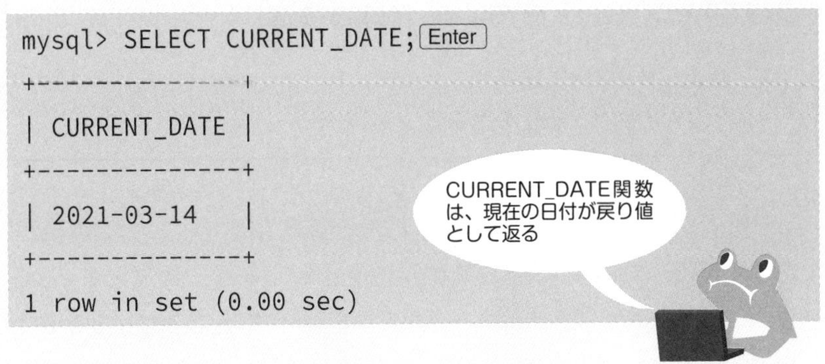

```
mysql> SELECT CURRENT_DATE; Enter
+--------------+
| CURRENT_DATE |
+--------------+
| 2021-03-14   |
+--------------+
1 row in set (0.00 sec)
```


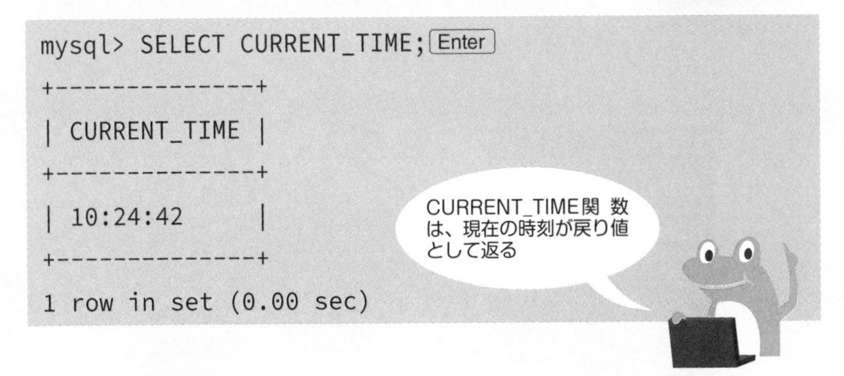

```
mysql> SELECT CURRENT_TIME; Enter
+--------------+
| CURRENT_TIME |
+--------------+
| 10:24:42     |
+--------------+
1 row in set (0.00 sec)
```

日付を加減算する

SQLで日付を加減算する方法は、データベースの種類によって異なります。そのため、本書ではMySQLに関する説明を中心に行い、その他のデータベースに関しては、参考程度に記載しています。

それでは、MySQLで日付を加減算する方法を見てみましょう。MySQLの場合、日付を加算する関数と、日付を減算する関数が用意されています。MySQLで日付を加算するには、DATE_ADD関数を使用します。DATE_ADD関数の構文は、次のとおりです。

書式

DATE_ADD([日付], INTERVAL [加算する値])

[日付] …対象となる日付

[加算する値] …加算する値とその単位

[日付]には、加算の対象となる日付を指定します。[加算する値]には、[日付]に加算する値とその単位を指定します。たとえば、3日を加算する場合は、"3 DAY"を[加算する値]に指定します。3か月を加算する場合は、"3 MONTH"を[加算する値]に指定します。代表的な単位としては、次のようなものがあります。

SECOND	秒
MINUTE	分
HOUR	時間
DAY	日
WEEK	週
MONTH	月
YEAR	年

たとえば、現在日付から3日後を取得したい場合は、DATE_ADD(CURRENT_DATE, INTERVAL 3 DAY)となります

```
mysql> SELECT DATE_ADD(CURRENT_DATE, INTERVAL 3 DAY); Enter
+----------------------------------------+
| DATE_ADD(CURRENT_DATE, INTERVAL 3 DAY) |
+----------------------------------------+
| 2021-03-17                             |
+----------------------------------------+
1 row in set (0.06 sec)
```

また、MySQLで日付を減算するには、DATE_SUB関数を使用します。DATE_SUB関数の構文は、次のとおりです。

書式

DATE_SUB([日付], INTERVAL [減算する値])

［日付］…対象となる日付

［減算する値］…減算する値とその単位

［減算する値］を指定する方法は、DATE_ADD関数と同じです。たとえば、現在日付から3日前を取得する場合、次のようなSQLを実行します。

```
mysql> SELECT DATE_SUB(CURRENT_DATE, INTERVAL 3 DAY); Enter
+----------------------------------------+
| DATE_SUB(CURRENT_DATE, INTERVAL 3 DAY) |
+----------------------------------------+
| 2021-03-11                             |
+----------------------------------------+
1 row in set (0.00 sec)
```

ちなみに、DATE_ADD関数の第2引数にマイナス値を指定することで、日付の減算を行うことが可能です。たとえば、DATE_ADD関数で3日前を求めるには、次のようにします。

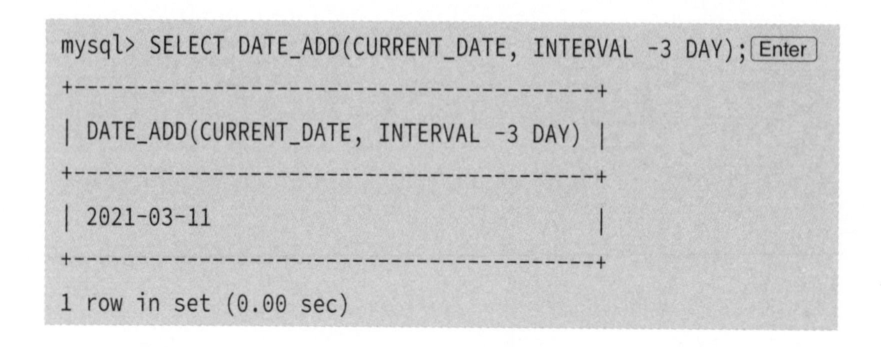

```
mysql> SELECT DATE_ADD(CURRENT_DATE, INTERVAL -3 DAY); Enter
+-----------------------------------------+
| DATE_ADD(CURRENT_DATE, INTERVAL -3 DAY) |
+-----------------------------------------+
| 2021-03-11                              |
+-----------------------------------------+
1 row in set (0.00 sec)
```

SQL Serverの場合は、日付の加算を行う関数として、DATEADD関数が存在します。DATEADD関数の構文は、次のとおりです。

書式

DATEADD([加算する単位], [加算する値], [日付])

［加算する単位］…日付単位か、月単位か、など

［加算する値］…加算する値

［日付］…対象となる日付

[加算する単位]には、たとえばyearを指定することで、[加算する値]の単位を年で扱ったり、monthを指定することで[加算する値]の単位を月で扱ったりすることができます。たとえば、現在日時から3日後を取得する場合は、次のようにします。

```
DATEADD(day, 3, CURRENT_TIMESTAMP)
```

他には、day（日付単位）、hour（時間単位）、minute（分単位）、

second（秒単位）などがあります。また、SQL Serverには日付の減算を行う専用の関数がありませんので、DATEADD関数の［加算する値］にマイナス値を指定することで、日付の減算を行います。

PostgreSQLの場合、257ページで解説するデータの型変換を用いて日付の加減算を行います。たとえば、現在日時に3日を加算する場合、次のように表します。

```
CURRENT_TIMESTAMP + CAST('3 days' AS INTERVAL)
```

これは、現在日時（CURRENT_TIMESTAMP）に対し、'3 days'という文字列を「間隔」を表すINTERVALというデータ型に変換し、加算するという意味です。'days'以外にも、月単位であれば'months'や、時単位であれば'hours'などを指定することができます。減算を行う場合は、マイナス値を指定します。

Oracleの場合は、日付に数値を直接加減算することで、日単位での加減算を行うことができます。たとえば、SYSDATE + 1とすると、現在日付から1日後を取得することができます。例として、現在日時から3日後を取得する場合は、次のようにします。

```
SYSDATE + 3
```

このように、Oracleは日付単位での加算となるため、時単位に対して加減算を行う場合は、SYSDATE + (1 / 24)のように、1日を24で割ることにより、1時間を加算することができます。同様に、分単位での加減算となる場合はSYSDATE + (1 / 24 / 60)を、月単位での加減算となる場合はSYSDATE + 30となります。

日付操作のきほん

問題1（レベル：やさしい）

現在の日時、現在の日時より1日前の日時、現在の日時より1日後の日時を求めるSQLを作成してください。

求めたい3つの日付

現在日時	明日	前日
2021-03-14 12:51:51	2021-03-15 12:51:51	2021-03-13 12:51:51

表の値は、サンプルだよ

日付を比較するときは注意しよう

「本日日付のデータを取得したい」などといった場合、たとえば次のようなSQLが思い浮かぶかも知れません。

```
SELECT * FROM [テーブル名] WHERE [日付] = CURRENT_
TIMESTAMP;
```

しかし、おそらくこのSQLの実行結果は、期待したとおりではないでしょう。なぜなら、CURRENT_TIMESTAMPは、**時刻も取得するから**です。つまり、時刻も正確に同じデータしか、取得することはできません。

同様に、テーブルのなかに時刻も含めた状態で保存されているデータを、指定した日付で取得する場合、テーブルのなかのデータから時刻を取り除いて比較する必要があります。

時刻を含めた日付データから時刻を取り除く方法については、次項の「データ型を変換する」をご覧ください。

日付操作のきほん

問題1の解説（レベル：やさしい）

MySQLの場合は、次のSQLを実行します。

```
mysql> SELECT Enter
    ->     CURRENT_TIMESTAMP AS 現在日時 Enter
    ->   , DATE_ADD(CURRENT_TIMESTAMP, INTERVAL 1 DAY) AS 明日 Enter
    ->   , DATE_SUB(CURRENT_TIMESTAMP, INTERVAL 1 DAY) AS 前日; Enter
+---------------------+---------------------+---------------------+
| 現在日時            | 明日                | 前日                |
+---------------------+---------------------+---------------------+
| 2021-03-14 13:31:30 | 2021-03-15 13:31:30 | 2021-03-13 13:31:30 |
+---------------------+---------------------+---------------------+
1 row in set (0.00 sec)
```

SQL Serverの場合

```
SELECT
  CURRENT_TIMESTAMP AS 現在日時
 , DATEADD(day, 1, CURRENT_TIMESTAMP) AS 明日
 , DATEADD(day, -1, CURRENT_TIMESTAMP) AS 昨日;
```

PostgreSQLの場合

```
SELECT
  CURRENT_TIMESTAMP AS 現在日時
 , CURRENT_TIMESTAMP + CAST('1 days' AS INTERVAL) AS 明日
 , CURRENT_TIMESTAMP + CAST('-1 days' AS INTERVAL) AS 昨日;
```

Oracleの場合

```
SELECT
   SYSDATE AS 現在日時
 , SYSDATE + 1 AS 明日
 , SYSDATE - 1 AS 昨日
FROM DUAL;
```

データ型を変換する

文字列型の数値を数値型のデータに変換したり、日付型のデータの書式を指定して文字列型のデータに変換したりする方法について、説明します。

文字を数値に変換する

次のようなSQLを実行してみます。

```
SELECT '1' + '1';
```

Oracleの場合、
SELECT '1' + '1' FROM DUAL;

この結果は、データベースの種類によって異なります。まず、MySQLとOracleの場合、結果は数値型の「2」となります。SQL Serverの場合、結果は文字列型の“11”となります。PostgreSQLの場合、「ERROR: 演算子は一意ではありません: unknown + unknown」というエラーが出力されます。

MySQLとOracleの場合、文字列を「+」で加算しようとすると、暗黙的に文字列を数値型に変換するようです。しかし、

```
SELECT 'a' + 'b';
```

Oracleの場合、
SELECT ‘a’ + ‘b’ FROM DUAL;

のように、数値に変換できない文字列を「+」で加算しようとすると、MySQLの場合は「0」に、Oracleの場合は「ORA-01722: 数値が無効です。」というエラーが出力されます。MySQLの場合、文字列の先頭

から数値に変換できる部分のみを数値に変換するという、変わった仕様になっています。つまり、“123a45”という文字列の場合、「123」という数値に型変換されてしまいます。

SQL Serverの場合、文字列を「+」で加算しようとした場合、文字列を結合する意味になります。

PostgreSQLの場合、暗黙的な型変換は発生せず、文字列を「+」で加算しようとしたとして、エラーとなります。

このように、文字列型のまま数値を加算した場合、データベースの種類によって挙動が違うため、**文字列型の数値を加算したい場合、いったん文字列型の数値を数値型に変換したあとに加算する**ようにしてください。現行システムを、種類の異なるデータベースに載せ替えるという作業は、まれに発生します。そのため、どのようなデータベースの種類になっても同じ動作をするようなSQLを記述することを心がけましょう。

データ型を変換するには、CAST関数を使います。CAST関数の構文は、次のとおりです。

書式

CAST([値] AS [データ型])

［値］…データ型を変換する対象となる値

［データ型］…変換後のデータ型

たとえば、MySQLにて文字列型の“1”を数値型に変換する場合、次のようにします。

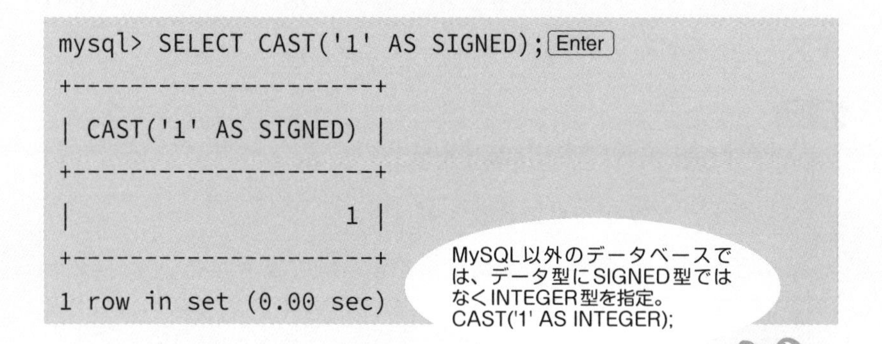

```
mysql> SELECT CAST('1' AS SIGNED); Enter
+---------------------+
| CAST('1' AS SIGNED) |
+---------------------+
|                   1 |
+---------------------+
1 row in set (0.00 sec)
```

日付の表示形式を指定して文字に変換する

日付の表示形式を指定して文字データに変換するには、MySQLの場合、DATE_FORMAT関数を使用します。DATE_FORMAT関数の構文は、次のとおりです。

書式

DATE_FORMAT([日付], [表示形式])

［日付］…文字データに変換する日付

［表示形式］…文字データに変換する日付の表示形式

[日付]には、文字データに変換する対象となる日付を指定します。[表示形式]には、どのような日付の表示形式で文字データに変換するかを指定します。例として、現在日付を“20210321”のように、数値を使って西暦表示するには、次のSQLを実行します。

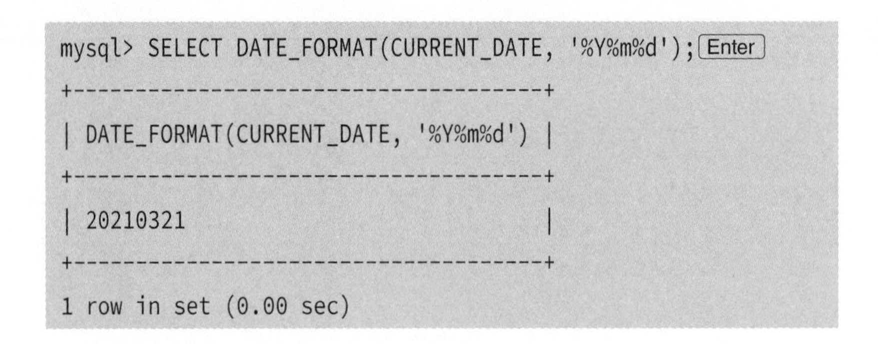

```
mysql> SELECT DATE_FORMAT(CURRENT_DATE, '%Y%m%d'); Enter
+-------------------------------------+
| DATE_FORMAT(CURRENT_DATE, '%Y%m%d') |
+-------------------------------------+
| 20210321                            |
+-------------------------------------+
1 row in set (0.00 sec)
```

[表示形式]に指定できる日付の形式は、次の表のとおりです。

MySQLで指定可能な日付の形式

指定子	説明
%a	簡略曜日名（Sun..Sat）
%b	簡略月名（Jan..Dec）

%c	月、数字（0..12）
%D	英語のサフィクスを持つ日付（0th, 1st, 2nd, 3rd, …）
%d	日、数字（00..31）
%e	日、数字（0..31）
%f	マイクロ秒（000000..999999）
%H	時間（00..23）
%h	時間（01..12）
%I	時間（01..12）
%i	分、数字（00..59）
%j	年間通算日（001..366）
%k	時（0..23）
%l	時（1..12）
%M	月名（January..December）
%m	月、数字（00..12）
%p	AM または PM
%r	時間、12 時間単位（hh:mm:ss に AM または PM が続く）
%S	秒（00..59）
%s	秒（00..59）
%T	時間、24 時間単位（hh:mm:ss）
%U	週（00..53）、日曜日が週の初日、WEEK() モード 0
%u	週（00..53）、月曜日が週の初日、WEEK() モード 1
%V	週（01..53）、日曜日が週の初日、WEEK() モード 2、%X とともに使用
%v	週（01..53）、月曜日が週の初日、WEEK() モード 3、%x とともに使用
%W	曜日名（Sunday..Saturday）
%w	曜日（0=Sunday..6=Saturday）
%X	年間の週、日曜日が週の初日、数字、4 桁、%V とともに使用
%x	年間の週、月曜日が週の初日、数字、4 桁、%v とともに使用
%Y	年、数字、4 桁
%y	年、数字（2 桁）
%%	リテラル「%」文字
%x	x （上記にないすべての「x」）

出典：MySQL 5.6 リファレンスマニュアル
https://dev.mysql.com/doc/refman/5.6/ja/date-and-time-functions.htmlより

ただし、DATE_FORMAT関数は、MySQL以外のPostgreSQL、Oracle、SQL Serverでは利用できません。

PostgreSQLとOracleの場合、DATE_FORMAT関数のかわりにTO_CHAR関数を用います。

書式

TO_CHAR ([値], [表示形式])

[値] …文字データに変換する値

[表示形式] …文字データに変換する値の表示形式

TO_CHAR関数は、指定された値のデータ型を文字列型に変換するための関数です。そのため、たとえば数値データを文字データに変換する場合など、[表示形式]の指定を省略することが可能です。[表示形式]として指定可能な文字列は、MySQLのDATE_FORMAT関数とは違います。OracleやPostggreSQLで現在日付を“20210321”のように、数値を使って西暦表示するには、次のSQLを実行します。

PostggreSQLの場合

```
postgres=# SELECT TO_CHAR(CURRENT_DATE, 'YYYY年MM月DD日'); Enter
    to_char
----------------
 2021年03月21日
(1 行)
```

PostgreSQLで指定できる[表示形式]の種類は、PostgreSQLの日本語付属文書を確認しよう。https://www.postgresql.jp/document

Oracleの場合

```
SQL> SELECT TO_CHAR(SYSDATE, 'yyyymmdd') FROM DUAL; Enter

TO_CHAR(SYSDATE,
----------------
20210321
```

Oracleで指定できる［表示形式］の種類は、Oracle? Database SQL言語リファレンスを確認しよう。https://docs.oracle.com/cd/E16338_01/

SQL Serverの場合は、CONVERT関数を使用します。CONVERT関数の構文は、次のとおりです。

書式

CONVERT (［データ型］,［値］,［表示形式］)

［データ型］…変換後のデータ型を指定

［値］…文字データに変換する値

［表示形式］…文字データに変換する日付の表示形式

CONVERT関数は、変換後のデータ型を指定して型変換を行うための関数です。［データ型］には、変換後のデータ型を指定します。SQL Serverで現在日付を“20210321”のように、数値を使って西暦表示するには、次のSQLを実行します。

```
SELECT CONVERT(VARCHAR, CURRENT_TIMESTAMP, 112); Enter

(列名なし)
20210321
```

SQL Serverで指定できる［表示形式］の種類は、Transact-SQLリファレンスを確認しよう。https://docs.microsoft.com/ja-jp/sql/t-sql/

文字列を日付に変換する

MySQLで文字データを日付に変換するには、STR_TO_DATE関数を用います。STR_TO_DATE関数の構文は、次のとおりです。

書式

STR_TO_DATE([文字列],[日付形式])

[文字列]…日付を表す文字データ

[日付形式]…[文字列]の日付のフォーマット

[文字列]には、日付型に変換する文字データを指定します。[日付形式]には、[文字列]がどのような日付フォーマットになっているかを文字列で指定します。[日付形式]に指定可能な文字列については、前項をご覧ください。

たとえば、"20210321"のように、西暦を数値で表している文字データのデータ型を、日付型に変換する場合、次のSQLを実行します。

```
mysql> SELECT STR_TO_DATE('20210321','%Y%m%d'); Enter
+----------------------------------+
| STR_TO_DATE('20210321','%Y%m%d') |
+----------------------------------+
| 2021-03-21                       |
+----------------------------------+
1 row in set (0.00 sec)
```

同様に、"2021/03/21"のように、年月日がスラッシュ「/」で区切られた日付を表す文字列データのデータ型を、日付型に変換する場合、次のSQLを実行します。

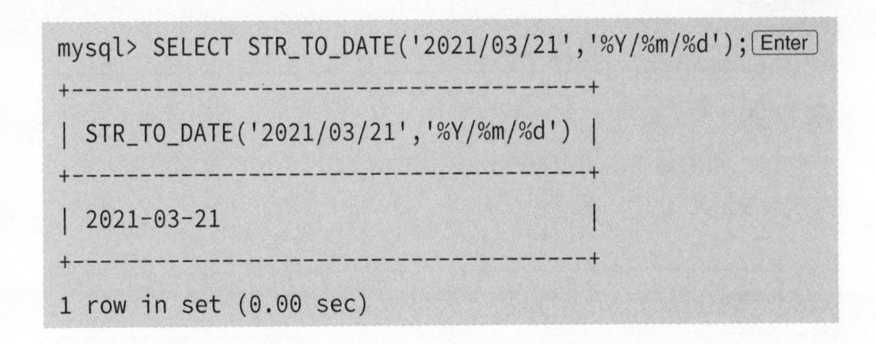

```
mysql> SELECT STR_TO_DATE('2021/03/21','%Y/%m/%d'); Enter
+--------------------------------------+
| STR_TO_DATE('2021/03/21','%Y/%m/%d') |
+--------------------------------------+
| 2021-03-21                           |
+--------------------------------------+
1 row in set (0.00 sec)
```

STR_TO_DATE関数は、MySQL専用の関数です。PostgreSQL、Oracleの場合は、TO_DATE関数を使用します。TO_DATE関数の構文は、次のとおりです。

書式

TO_DATE([文字列], [日付形式])

[文字列] …日付を表す文字データ

[日付形式] …[文字列]の日付のフォーマット

[日付形式]に指定可能な日付のフォーマットは、前項をご覧ください。

最後に、SQL Serverで文字データを日付に変換する場合は、前項同様、CONVERT関数を使用します。CONVERT関数については、前項で説明したとおりです。文字データを日付に変換する場合は、第3引数の[表示形式]を指定する必要がなく、日付に変換可能なフォーマットかどうかは、SQL Serverが自動で判別します。

```
SELECT CONVERT(DATETIME, '2021/03/21');
SELECT CONVERT(DATETIME, '20210321');
```

どちらでも日付型に変換可能

データ型を変換する

問題1(レベル：ふつう)

普段、利用しているデータベースについて、以下のSQLがどのような結果となるか、答えなさい。

```
SELECT '1' + '1';
```

Oracleの場合

```
SELECT '1' + '1' FROM DUAL;
```

問題2(レベル：ふつう)

普段、利用しているデータベースについて、以下のSQLがどのような結果となるか、答えなさい。

```
SELECT 'a' + 'b';
```

Oracleの場合

```
SELECT 'a' + 'b' FROM DUAL;
```

問題3(レベル：ふつう)

現在日付を取得し、西暦を意味する8桁の数値(YYYYMMDD)の文字列型に変換するSQLを作成しなさい。

問題4(レベル：ふつう)

西暦を意味する文字列、“2021/03/21”を、日付型に変換するSQLを作成しなさい。

データ型を変換する

問題1の解説（レベル：ふつう）

MySQLとOracleは、自動的に数値型に型変換され、数値型の「2」を返します。PostgreSQLは、文字列型を加算しようとしたことによるエラーとなります。SQL Serverは、「+」を文字列結合としても利用できるため、文字列型の"1"と"1"を文字列として結合した結果である"11"を返します。

データベースの種類	結果
MySQL	2（数値型）
PostgreSQL	エラー
Oracle	2（数値型）
SQL Server	11（文字列型）

問題2の解説（レベル：ふつう）

今回の問題は、数値型に変換できない文字列を「+」で加算しようとした場合の結果です。その場合、MySQLは数値に変換できるところまでを数値として認識し、それ以降を「0」として処理するため、結果として数値型の「0」を返します。Oracleの場合は、数値型に変換できない旨のエラーを表示します。

データベースの種類	結果
MySQL	0（数値型）
PostgreSQL	エラー
Oracle	エラー
SQL Server	ab（文字列型）

問題3の解説（レベル：ふつう）

データベースの種類によって、利用する関数が違うため、注意が必要です。MySQLは、日付の形式を指定する専用の関数を利用し、PostgreSQL、Oracle、SQL Serverは、データ型を変換する関数を利用します。

MySQLの場合

```
mysql> SELECT DATE_FORMAT(CURRENT_DATE, '%Y%m%d'); Enter
+-------------------------------------+
| DATE_FORMAT(CURRENT_DATE, '%Y%m%d') |
+-------------------------------------+
| 20210321                            |
+-------------------------------------+
1 row in set (0.00 sec)
```

PostgreSQLの場合

```
postgres=# SELECT TO_CHAR(CURRENT_DATE, 'YYYY年MM月DD日'); Enter
    to_char
---------------
 2021年03月21日
(1 行)
```

Oracleの場合

```
SQL> SELECT TO_CHAR(SYSDATE, 'yyyymmdd') FROM DUAL; Enter

TO_CHAR(SYSDATE,
----------------
20210321
```

SQL Serverの場合

```
SELECT CONVERT(VARCHAR, CURRENT_TIMESTAMP, 112); Enter


(列名なし)
20210321
```

MySQLの提供元もOracle社！？

MySQLの提供元を知っていますか？

実は、MySQLはOracleデータベースの開発元であるOracle社から提供されています。MySQLとOracleは、データベースシステムのシェアにおいて1位と2位を争う存在ですが、この2つは、同じ会社から提供されていることになります。

もともとMySQLは、MySQL AB社が中心となって開発を進めていたデータベースでした。ところが、MySQL AB社は、プログラミング言語「Java」の開発元として有名なサン・マイクロシステムズ社に買収されます。そして、さらに2010年、サン・マイクロシステムズ社はOracle社に買収され、MySQLは、データベースシステムの提供元としてはライバル的な存在であるOracle社によって提供されることになったのです。

問題4の解説（レベル：ふつう）

MySQL、PostgreSQL、Oracleは、文字列型を日付型に変換する専用の関数を使用します。SQL Serverは、データ型変換共通の関数を使用します。

MySQLの場合

```
mysql> SELECT STR_TO_DATE('2021/03/21','%Y/%m/%d'); Enter
+--------------------------------------+
| STR_TO_DATE('2021/03/21','%Y/%m/%d') |
+--------------------------------------+
| 2021-03-21                           |
+--------------------------------------+
1 row in set (0.00 sec)
```

PostgreSQLの場合

```
postgres=# SELECT TO_DATE('2021/03/21', 'yyyy/mm/dd'); Enter
  to_date
------------
 2021-03-21
(1 行)
```

Oracleの場合

```
SQL> SELECT TO_DATE('2021/03/21', 'yyyy/mm/dd') FROM DUAL; Enter

TO_DATE(
--------
21-03-21
```

SQL Serverの場合

```
SELECT CONVERT(DATETIME, '2021/03/21'); Enter
```

```
(列名なし)
2021-03-21 00:00:00.000
```

MariaDBって何？

「MariaDB」というデータベースを聞いたことはありますか？

MariaDBは、MySQLから派生したデータベースです。

269ページのコラムにて、MySQLがデータベースシステムのシェアを争うライバル会社のOracle社に買収された話しをしました。

そのため、MySQL AB社の創設者であり、MySQLの開発者であるミカエル・ウィデニウス氏は、自分の製品として新たなデータベースシステムを提供するために、非営利団体「MariaDB Foundation」を設立し、MySQLを派生した新たなデータベースであるMariaDBの提供を開始しました。

現在、本書で取り扱っているMySQL、PostgreSQL、Oracle、SQL Serverが、データベースのシェアにおいて4強の存在となっており、MariaDB のシェアはこの4強には及びませんが、いずれ、この4強を揺るがす存在となる可能性は大いにあると言えるでしょう。

Chapter 04

テーブルを結合する

等結合（内部結合）について

ここまでは１つのテーブルからデータを取得していました。

実は１つのテーブルだけでなく、複数のテーブルをつないで、一緒に値を取得することも可能です。

たとえば、「取引先」テーブルにある「業種コード」をもとに、「業種」テーブルにある「業種名」も一緒に取得することができます（図参照）。

等結合（内部結合）とは

複数のテーブルをつなぐ際には、それぞれキーとなるカラムを指定します。等結合（内部結合）は、両方のテーブルのキーに、同じ値が存在するレコードのみ出力します。

テーブル①とテーブル②に存在するデータが取得される

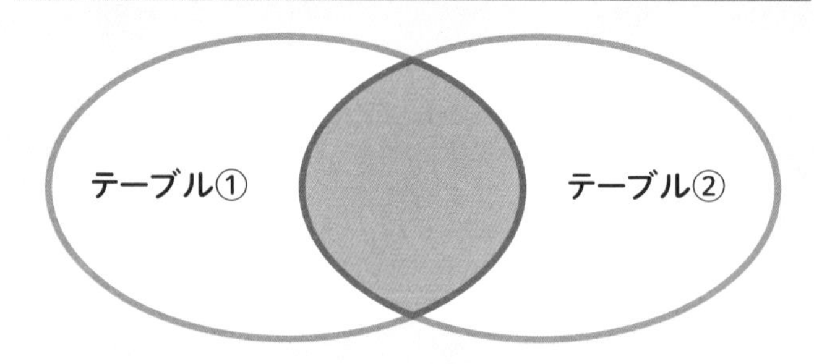

「取引先」テーブルと「業種」テーブルを、「取引先」テーブルにある「業種コード」と「業種」テーブルにある「業種コード」をキーとして結合します。

等結合は、両方に同じ値が存在するレコードのみ出力します。

「取引先」テーブルと「業種」テーブルの両方に存在する「業種コード」

取引先テーブル

取引先コード	取引先名	業種コード
1	北海道製作所	1
2	青森観光	2
3	岩手通信	3
4	宮城開発	3
5	秋田商事	5
6	山形電機	NULL

業種テーブル

業種コード	業種名
1	製造業
2	観光業
3	情報通信業
4	小売業

この2つのテーブルを等結合して出力される結果は、以下のとおりです。

等結合の実行結果

取引先コード	取引先名	業種コード	業種名
1	北海道製作所	1	製造業
2	青森観光	2	観光業
3	岩手通信	3	情報通信業
4	宮城開発	3	情報通信業

両方のテーブルに同じ値が存在しないデータは出力されないため、「取引先」テーブルの「業種コード」が“5”とNULLのレコード、また「業種」テーブルの「業種コード」が“4”のレコードは出力されません。

FROM句に結合条件を記載する場合

等結合の書き方には、FROM句に結合条件を記載する書き方と、WHERE句に結合条件を記載する書き方があります。

等結合の結合条件をFROM句の記載する場合は、以下のような構文になります。

書式

```
SELECT [テーブル名].[カラム名], …
FROM [テーブル名①] INNER JOIN [テーブル名②]
ON [テーブル名①].[カラム名①] = [テーブル名②].[カラム名②]
```

FROM句では、等結合に“INNER JOIN”を使います。“INNER JOIN”の前後に結合する2つのテーブルを書きます。等結合の場合、2つのテーブルの前後の順番は特に気にしなくても構いません。その後の“ON”以降に、結合条件を書きます。

また、カラム名を指定する際、

```
[テーブル名].[カラム名]
```

となっていることに注目してください。これは、等結合するテーブルどうしで同じ名前のカラムが存在する場合、どちらのテーブルのカラムなのかわからなくなってしまうので、どちらのテーブルのカラムなのかをわかるように示す必要があるためです。

それでは、取引先テーブルと業種テーブルを等結合する例を見てみましょう。SQLは次のとおりです。

```
mysql> SELECT 取引先コード, 取引先名, 業種.業種コード, 業種名 Enter
    -> FROM 取引先 INNER JOIN 業種 Enter
    -> ON 取引先.業種コード = 業種.業種コード; Enter
+-------------+-------------+------------+------------+
| 取引先コード | 取引先名     | 業種コード  | 業種名      |
+-------------+-------------+------------+------------+
|           1 | 北海道製作所 |          1 | 製造業      |
|           2 | 青森観光     |          2 | 観光業      |
|           3 | 岩手通信     |          3 | 情報通信業  |
|           4 | 宮城開発     |          3 | 情報通信業  |
+-------------+-------------+------------+------------+
4 rows in set (0.02 sec)
```

この例では、「業種コード」というカラム名が「取引先」テーブルと「業種」テーブルの両方で存在するカラム名ですので、以下のように記載する必要があります。

```
[テーブル名].業種コード
```

また、この等結合の例では、「取引先」テーブルの「業種コード」と、「業種」テーブルの「業種コード」を等結合していることを意味します。

なお、「業種コード」の前のテーブル名を省略すると、「業種コード」はどちらのテーブルの「業種コード」なのかわからなくなってしまうので、エラーとなってしまいます。

WHERE句に結合条件を記載する場合

前回ではFROM句に等結合の結合条件を記載する方法を説明しましたが、今回は、等結合の結合条件をWHERE句に記載します。

書式

SELECT [テーブル名].[カラム名], …

FROM [テーブル名①] , [テーブル名②]

WHERE [テーブル名①].[カラム名①] = [テーブル名②].[カラム名②]

FROM句には、結合するテーブルをカンマで並べます。等結合の場合、2つのテーブルの前後の順番は気にしなくても構いません。

それでは、取引先テーブルと業種テーブルの等結合をWHERE句に記載する方法を見てみましょう。検索結果は、FROM句に結合条件を記載した場合と同じです。SQLは次のとおりです。

```
mysql> SELECT 取引先コード, 取引先名, 業種. 業種コード, 業種名 Enter
    -> FROM 取引先,業種 Enter
    -> WHERE 取引先.業種コード = 業種.業種コード; Enter
+-------------+-------------+-----------+-----------+
| 取引先コード | 取引先名     | 業種コード | 業種名     |
+-------------+-------------+-----------+-----------+
|           1 | 北海道製作所 |          1 | 製造業     |
|           2 | 青森観光     |          2 | 観光業     |
|           3 | 岩手通信     |          3 | 情報通信業 |
|           4 | 宮城開発     |          3 | 情報通信業 |
+-------------+-------------+-----------+-----------+
4 rows in set (0.01 sec)
```

これも等結合！

　また、テーブル名に「AS」を使うことで、テーブル名に別名（エイリアス）を付けることができます。たとえば、以下の例は、「取引先」テーブルに“T”という別名を、「業種」テーブルには“G”という別名を付けています。

```
SELECT T.取引先コード, T.取引先名, T.業種コード, G.業種名
FROM 取引先 AS T, 業種 AS G
WHERE T.業種コード = G.業種コード;
```

「取引先」テーブルを“T”、「業種」テーブルを“G”という別名（エイリアス）に置き換えた

　テーブル名に別名を付けることで、上記のように、SQLを短くすっきりと書くことが可能です。別名は、SELECT句の後ろに記載するカラム名にも利用することができます。

　Oracleを除くデータベースシステムでは、“AS”を省略し、次のように記述することも可能です。

```
SELECT T.取引先コード, T.取引先名, T.業種コード, G.業種名
FROM 取引先 T, 業種 G
WHERE T.業種コード = G.業種コード;
```

「AS」は、省略することが可能！

等結合（内部結合）について

問題1（レベル：ふつう）

「社員」テーブルをもとに、役職名を「役職」テーブルから等結合で参照するSQLを作成してください。なお出力する項目は、社員コード、社員名、役職コード、役職名とし、社員コード順に出力してください。

「社員」テーブルと「役職」テーブルを等結合

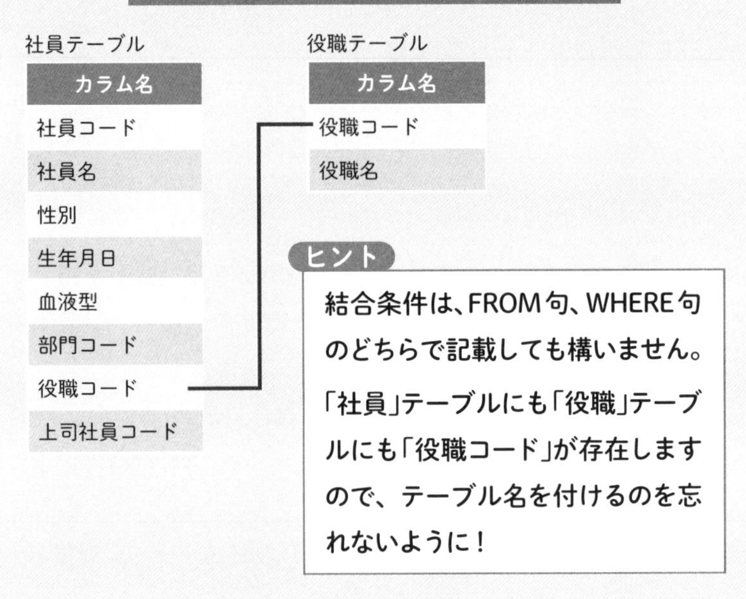

求めたい結果

社員コード	社員名	役職コード	役職名
101	青木　信玄	1	部長
102	川本　夏鈴	1	部長
103	岡田　雅宣	1	部長
104	坂東　理恵	2	課長
105	安達　更紗	2	課長
106	森島　春美	3	係長

問題2（レベル：むずかしい）

「社員」テーブルをもとに、部門名を「部門」テーブルから、役職名を「役職」テーブルから、等結合で参照するSQLを作成してください。なお出力する項目は、社員コード、社員名、部門名、役職名とし、社員コード順に出力してください。

「社員」テーブルに、「部門」テーブルと「役職」テーブルを等結合

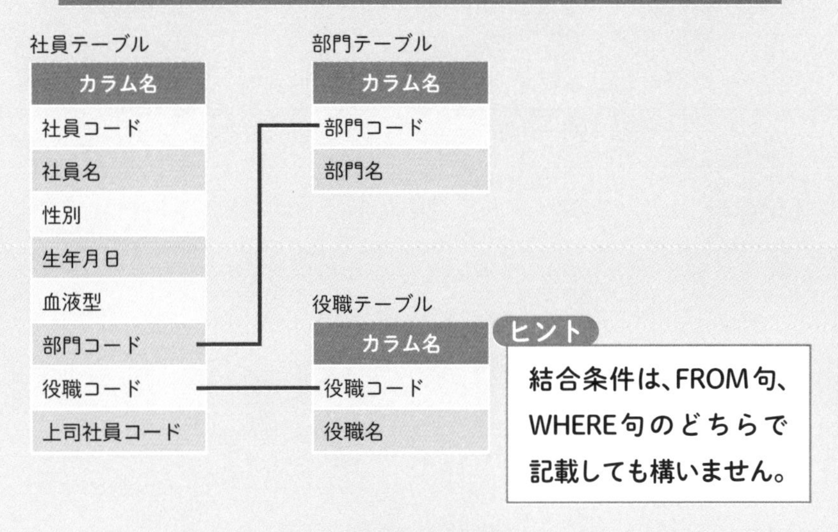

求めたい結果

社員コード	社員名	部門名	役職名
101	青木　信玄	営業	部長
102	川本　夏鈴	総務	部長
103	岡田　雅宣	開発	部長
104	坂東　理恵	総務	課長
105	安達　更紗	営業	課長
106	森島　春美	開発	係長

解答 等結合（内部結合）について

問題1の解説（レベル：ふつう）

「社員」テーブルと「役職」テーブルを等結合でつないで、役職名を参照します。SQLは次のとおりです。

```
mysql> SELECT 社員コード, 社員名, 社員.役職コード, 役職名 Enter
    -> FROM 社員, 役職 Enter
    -> WHERE 社員.役職コード = 役職.役職コード Enter
    -> ORDER BY 社員コード; Enter
+-----------+-----------+-----------+--------+
| 社員コード | 社員名     | 役職コード | 役職名 |
+-----------+-----------+-----------+--------+
|       101 | 青木　信玄 |         1 | 部長   |
|       102 | 川本　夏鈴 |         1 | 部長   |
|       103 | 岡田　雅宣 |         1 | 部長   |
|       104 | 坂東　理恵 |         2 | 課長   |
|       105 | 安達　更紗 |         2 | 課長   |
|       106 | 森島　春美 |         3 | 係長   |
+-----------+-----------+-----------+--------+
6 rows in set (0.03 sec)
```

「社員」テーブルの「役職コード」と、「役職」テーブルの「役職コード」を等結合！

なお、役職コードが、「社員」テーブルと「役職」テーブルの両方にあるので、役職コードを使う際にはテーブル名をつけて書きます。またFROM句に結合条件を記載した場合のSQLは次のとおりです。

```
SELECT 社員コード, 社員名, 社員.役職コード, 役職名
FROM 社員 INNER JOIN 役職 ON 社員.役職コード = 役職.役職コード
ORDER BY 社員コード;
```

問題2の解説（レベル：むずかしい）

3つのテーブルを結合するのはむずかしく感じますが、2つのテーブルを結合する場合と同じように、繰り返して書けば作成できます。WHERE句に結合条件を記載した場合のSQLは次のとおりです。

```
mysql> SELECT 社員コード, 社員名, 部門名, 役職名 Enter
    -> FROM 社員, 部門, 役職 Enter
    -> WHERE 社員.部門コード = 部門.部門コード Enter
    -> AND 社員.役職コード = 役職.役職コード Enter
    -> ORDER BY 社員コード; Enter
+------------+------------+--------+--------+
| 社員コード | 社員名     | 部門名 | 役職名 |
+------------+------------+--------+--------+
|        101 | 青木　信玄 | 営業   | 部長   |
|        102 | 川本　夏鈴 | 総務   | 部長   |
|        103 | 岡田　雅宣 | 開発   | 部長   |
|        104 | 坂東　理恵 | 総務   | 課長   |
|        105 | 安達　更紗 | 営業   | 課長   |
|        106 | 森島　春美 | 開発   | 係長   |
+------------+------------+--------+--------+
6 rows in set (0.08 sec)
```


またFROM句に結合条件を記載した場合のSQLは次のとおりです。

```
SELECT 社員コード, 社員名, 部門名, 役職名
FROM 社員 INNER JOIN 部門 ON 社員.部門コード = 部門.部門コード
INNER JOIN 役職 ON 社員.役職コード = 役職.役職コード
ORDER BY 社員コード;
```

外部結合について

等結合（内部結合）は、両テーブルの結合条件として指定したカラムに同じ値が存在するレコードのみが取得されました。外部結合の場合は、参照先に関わらず、参照元のすべてのレコードを出力したい場合に使います。

外部結合とは

外部結合について、以下の図をご覧ください。複数（２つ）のテーブルをつなぐ際に、それぞれキーとなるカラムを指定するのは同じです。ただし外部結合は、参照先のテーブルのキーに同じ値がない場合も出力します。言い換えると、参照元のレコードは全て表示します。

外部結合のイメージ

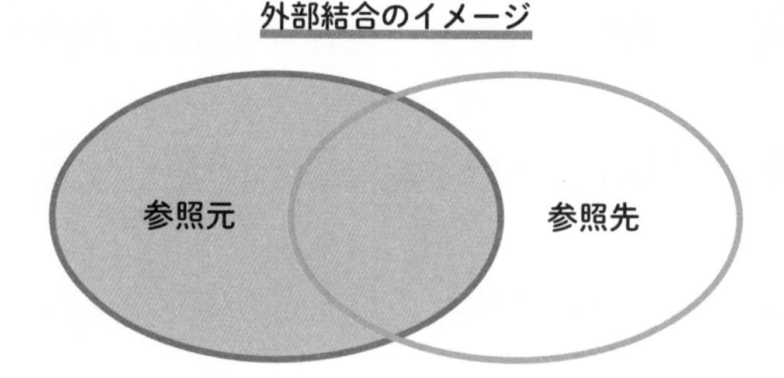

参照元を「取引先」テーブルとして、「業種」テーブルと外部結合するイメージを確認してみましょう。

外部結合のイメージを「取引先」テーブルと「業種」テーブルで表現

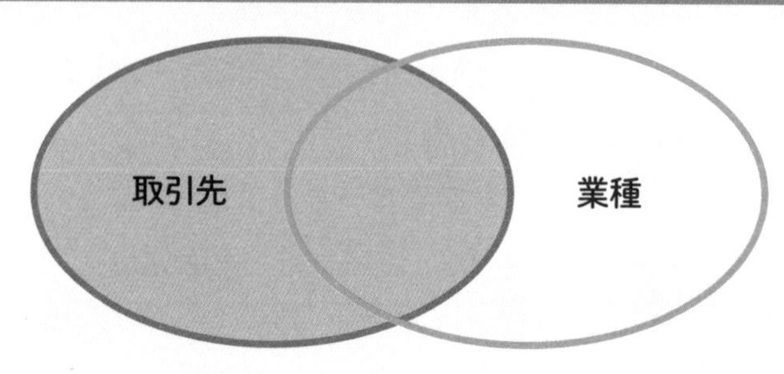

「取引先」テーブルと「業種」テーブルを結合する際に、「取引先」テーブルにある「業種コード」から、「業種」テーブルにある「業種コード」へ外部結合しています。

「取引先」テーブルと「業種」テーブルを外部結合

取引先テーブル

取引先コード	取引先名	業種コード
1	北海道製作所	1
2	青森観光	2
3	岩手通信	3
4	宮城開発	3
5	秋田商事	5
6	山形電機	NULL

業種テーブル

業種コード	業種名
1	製造業
2	観光業
3	情報通信業
4	小売業

出力される結果は、以下のとおりです。

「取引先」テーブルと「業種」テーブルを外部結合した結果

取引先コード	取引先名	業種コード	業種名
1	北海道製作所	1	製造業
2	青森観光	2	観光業
3	岩手通信	3	情報通信業
4	宮城開発	3	情報通信業
5	秋田商事	5	NULL
6	山形電機	NULL	NULL

外部結合のため、参照元（取引先テーブル）のデータはすべて表示されます。参照先（業種テーブル）に同じ値がないレコードも出力されます。ただし業種名の情報はないため、業種名はNULLとなります。

左外部結合について

左側にあるテーブルを参照元として、外部結合する場合を**左外部結合**といいます。前ページで説明した内容も、**左外部結合**です。

これは左外部結合といいます

取引先テーブル

取引先コード	取引先名	業種コード
1	北海道製作所	1
2	青森観光	2
3	岩手通信	3
4	宮城開発	3
5	秋田商事	5
6	山形電機	NULL

業種テーブル

業種コード	業種名
1	製造業
2	観光業
3	情報通信業
4	小売業

下記の例は、テーブル①を参照元、テーブル②を参照先として、左外部結合する際の表示対象データのイメージです。この場合は、テーブル①（左側）のすべてのレコードが表示されます。

左側のテーブルはすべてのレコードが表示される

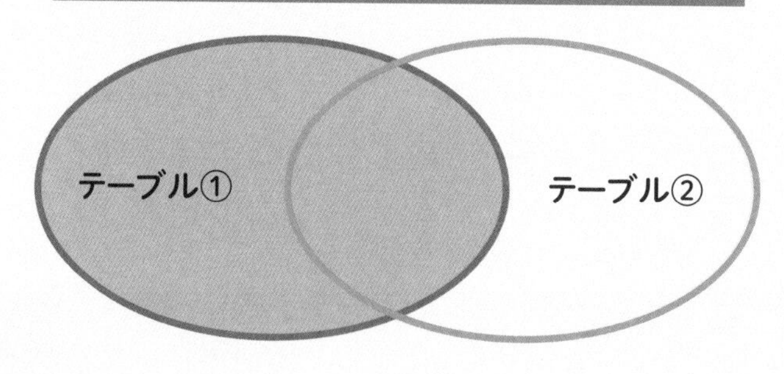

左外部結合のSQLは、「LEFT OUTER JOIN」と書きます。

［テーブル名①］LEFT OUTER JOIN［テーブル名②］

　［テーブル名①］…参照元のテーブル（左側のテーブル）

　［テーブル名②］…参照先のテーブル（右側のテーブル）

　では、「取引先」テーブルから「業種」テーブルを左外部結合で表示するSQLを確認してみましょう。

```
mysql> SELECT 取引先コード, 取引先名, 業種.業種コード, 業種名 Enter
    -> FROM 取引先 Enter
    ->     LEFT OUTER JOIN 業種 Enter
    ->         ON 取引先.業種コード = 業種.業種コード; Enter
+--------------+--------------+------------+------------+
| 取引先コード | 取引先名     | 業種コード | 業種名     |
+--------------+--------------+------------+------------+
|            1 | 北海道製作所 |          1 | 製造業     |
|            2 | 青森観光     |          2 | 観光業     |
|            3 | 岩手通信     |          3 | 情報通信業 |
|            4 | 宮城開発     |          3 | 情報通信業 |
|            5 | 秋田商事     |       NULL | NULL       |
|            6 | 山形電機     |       NULL | NULL       |
+--------------+--------------+------------+------------+
6 rows in set (0.03 sec)
```

等結合の場合と実行結果を比較して、外部結合の違いを理解しよう！

　SQL文は内部結合で「INNER JOIN」となっていた部分が、「LEFT OUTER JOIN」に変わっただけです。

　取引先テーブルのレコードがすべて表示され、業種テーブルに同じ値がないレコードも出力されています。

右外部結合について

左外部結合とは左右が逆で、右側にあるテーブルを参照元として、外部結合する場合を**右外部結合**といいます。ただし、「右外部結合」を使わなくても、「左外部結合」だけでも実現できてしまうため、あえて「右外部結合」を使う機会は少ないです。

「取引先」テーブルと「業種」テーブルを右外部結合

取引先テーブル

取引先コード	取引先名	業種コード
1	北海道製作所	1
2	青森観光	2
3	岩手通信	3
4	宮城開発	3
5	秋田商事	5
6	山形電機	NULL

業種テーブル

業種コード	業種名
1	製造業
2	観光業
3	情報通信業
4	小売業

出力される結果

取引先コード	取引先名	業種コード	業種名
1	北海道製作所	1	製造業
2	青森観光	2	観光業
3	岩手通信	3	情報通信業
4	宮城開発	3	情報通信業
NULL	NULL	4	小売業

テーブル②を参照元、テーブル①を参照先として、右外部結合する際の表示対象データのイメージは次の図のとおりです。

テーブル②（右側）のすべてのレコードが表示されます。

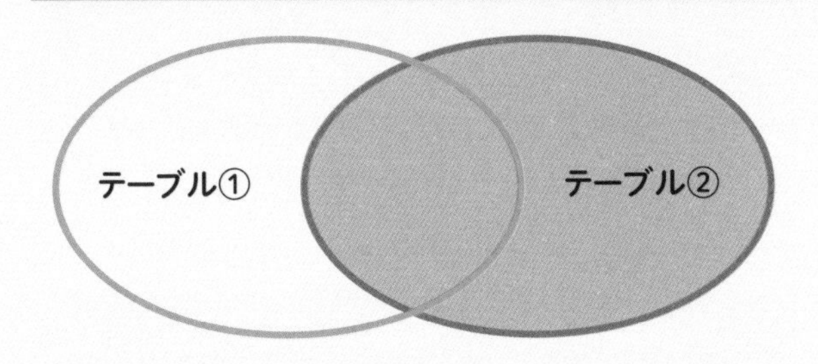

右外部結合のSQLは、「RIGHT OUTER JOIN」と書きます。

[テーブル名①] RIGHT OUTER JOIN [テーブル名②]

[テーブル名①] …参照先のテーブル（左側のテーブル）

[テーブル名②] …参照元のテーブル（右側のテーブル）

右外部結合は、実践では
あまり使われない

右外部結合の例として、以下のSQLを確認してみましょう。

```
mysql> SELECT 取引先コード, 取引先名, 業種.業種コード, 業種名 Enter
    -> FROM 取引先 Enter
    ->     RIGHT OUTER JOIN 業種 Enter
    ->         ON 取引先.業種コード = 業種.業種コード; Enter
+--------------+--------------+------------+------------+
| 取引先コード | 取引先名     | 業種コード | 業種名     |
+--------------+--------------+------------+------------+
|            1 | 北海道製作所 |          1 | 製造業     |
|            2 | 青森観光     |          2 | 観光業     |
|            4 | 宮城開発     |          3 | 情報通信業 |
|            3 | 岩手通信     |          3 | 情報通信業 |
|         NULL | NULL         |          4 | 小売業     |
+--------------+--------------+------------+------------+
5 rows in set (0.00 sec)
```

外部結合について

問題1（レベル：ふつう）

参照元を「社員」テーブルとして、「役職」テーブルと外部結合するSQLを作成してください。なお出力する項目は社員コード、社員名、役職コード、役職名とし、社員コード順に出力してください。

「社員」テーブルと「役職」テーブルで外部結合する

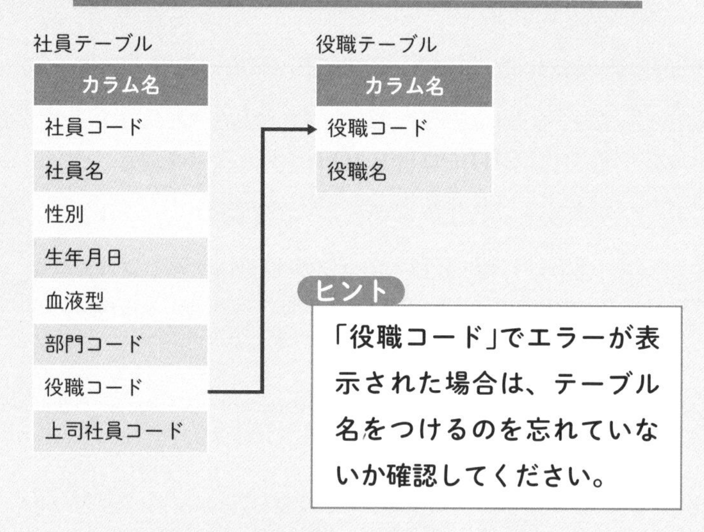

ヒント

「役職コード」でエラーが表示された場合は、テーブル名をつけるのを忘れていないか確認してください。

求めたい結果

社員コード	社員名	役職コード	役職名
101	青木　信玄	1	部長
102	川本　夏鈴	1	部長
103	岡田　雅宣	1	部長
104	坂東　理恵	2	課長
105	安達　更紗	2	課長
106	森島　春美	3	係長
107	五味　昌幸	NULL	NULL
108	新井　琴美	NULL	NULL
109	森本　昌也	NULL	NULL
110	古橋　明憲	NULL	NULL

問題2（レベル：むずかしい）

参照元を「社員」テーブルとして、「部門」テーブルと「役職」テーブルと外部結合するSQLを作成してください。

なお出力する項目は、社員コード、社員名、部門名、役職名とし、社員コード順に出力してください。

「社員」テーブルと「部門」「役職」テーブルを外部結合する

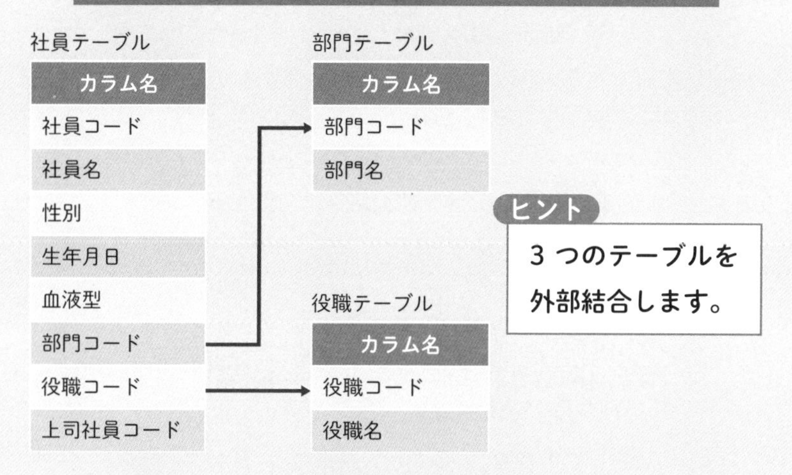

求めたい結果

社員コード	社員名	部門名	役職名
101	青木　信玄	営業	部長
102	川本　夏鈴	総務	部長
103	岡田　雅宣	開発	部長
104	坂東　理恵	総務	課長
105	安達　更紗	営業	課長
106	森島　春美	開発	係長
107	五味　昌幸	開発	NULL
108	新井　琴美	総務	NULL
109	森本　昌也	営業	NULL
110	古橋　明憲	開発	NULL

外部結合について

問題1の解説（レベル：ふつう）

SQLは、次のとおりです。

```
mysql> SELECT 社員コード, 社員名, 社員.役職コード, 役職名 Enter
    -> FROM 社員 Enter
    ->     LEFT OUTER JOIN 役職 Enter
    ->         ON 社員.役職コード = 役職.役職コード Enter
    -> ORDER BY 社員コード; Enter
+-----------+-----------+-----------+--------+
| 社員コード | 社員名     | 役職コード | 役職名  |
+-----------+-----------+-----------+--------+
|       101 | 青木　信玄 |         1 | 部長    |
|       102 | 川本　夏鈴 |         1 | 部長    |
|       103 | 岡田　雅宣 |         1 | 部長    |
|       104 | 坂東　理恵 |         2 | 課長    |
|       105 | 安達　更紗 |         2 | 課長    |
|       106 | 森島　春美 |         3 | 係長    |
|       107 | 五味　昌幸 |      NULL | NULL   |
|       108 | 新井　琴美 |      NULL | NULL   |
|       109 | 森本　昌也 |      NULL | NULL   |
|       110 | 古橋　明憲 |      NULL | NULL   |
+-----------+-----------+-----------+--------+
10 rows in set (0.02 sec)
```

外部結合なら、「社員」テーブルにて「役職コード」がNULLの社員も抽出可能！

役職コードが、「社員」テーブルと「役職」テーブルの両方にあるので、役職コードを使う際にはテーブル名をつけて書きます。

問題2の解説（レベル：むずかしい）

等結合の場合と同様に、この問題もテーブル名と結合条件を繰り返して書けば作成できます。

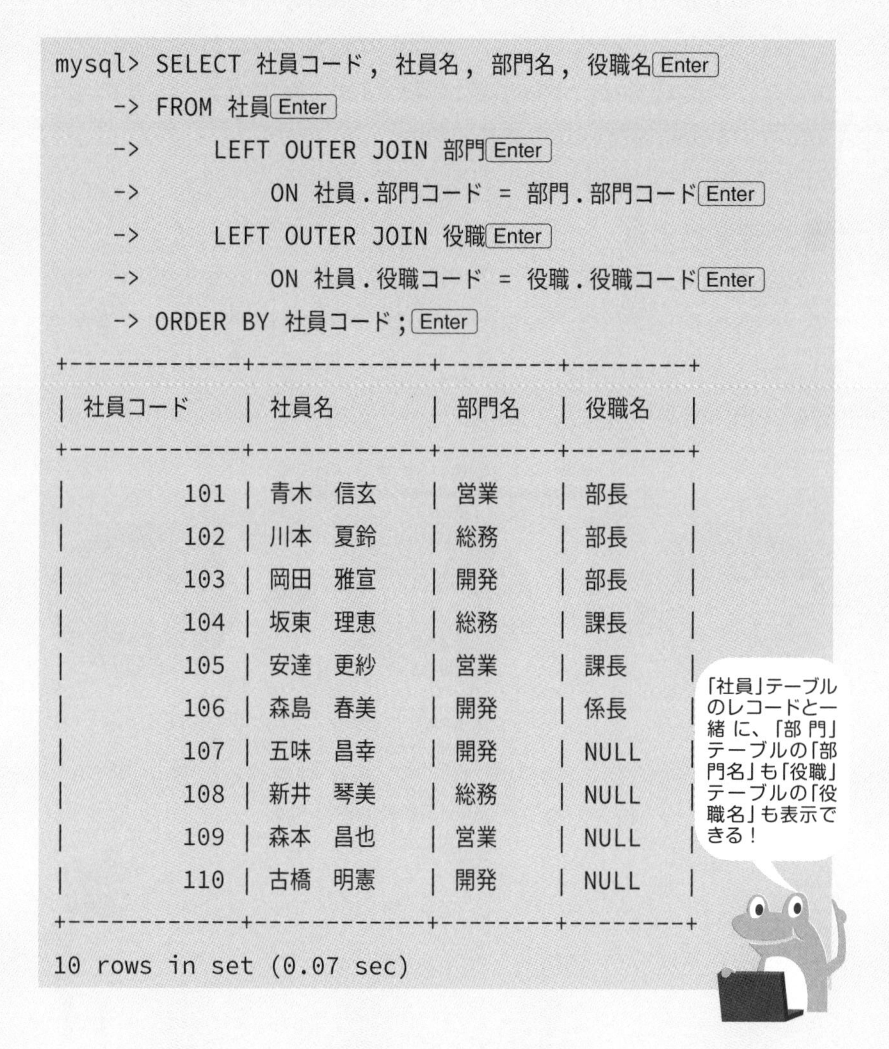

```
mysql> SELECT 社員コード, 社員名, 部門名, 役職名 Enter
    -> FROM 社員 Enter
    ->      LEFT OUTER JOIN 部門 Enter
    ->          ON 社員.部門コード = 部門.部門コード Enter
    ->      LEFT OUTER JOIN 役職 Enter
    ->          ON 社員.役職コード = 役職.役職コード Enter
    -> ORDER BY 社員コード; Enter
+------------+------------+--------+--------+
| 社員コード | 社員名     | 部門名 | 役職名 |
+------------+------------+--------+--------+
|        101 | 青木　信玄 | 営業   | 部長   |
|        102 | 川本　夏鈴 | 総務   | 部長   |
|        103 | 岡田　雅宣 | 開発   | 部長   |
|        104 | 坂東　理恵 | 総務   | 課長   |
|        105 | 安達　更紗 | 営業   | 課長   |
|        106 | 森島　春美 | 開発   | 係長   |
|        107 | 五味　昌幸 | 開発   | NULL   |
|        108 | 新井　琴美 | 総務   | NULL   |
|        109 | 森本　昌也 | 営業   | NULL   |
|        110 | 古橋　明憲 | 開発   | NULL   |
+------------+------------+--------+--------+
10 rows in set (0.07 sec)
```

交差結合について

等結合（内部結合）は、両方のテーブルのキーに同じ値が存在するレコードのみ出力しました。外部結合は、両方のテーブルのキーが同じ値のデータを結合しつつ、参照元のすべてのレコードを出力しました。交差結合は、キーの値に関わらず、両方のテーブルのすべてのデータの組み合わせを表示します。

交差結合とは

交差結合は、両方のテーブルのすべての組み合わせを表示するので、一方のテーブルのデータが3件、もう一方が2件の場合、表示されるデータ件数は6件になります。両方のデータ件数を掛け算した結果が、出力結果件数になります。

交差結合の実行結果について

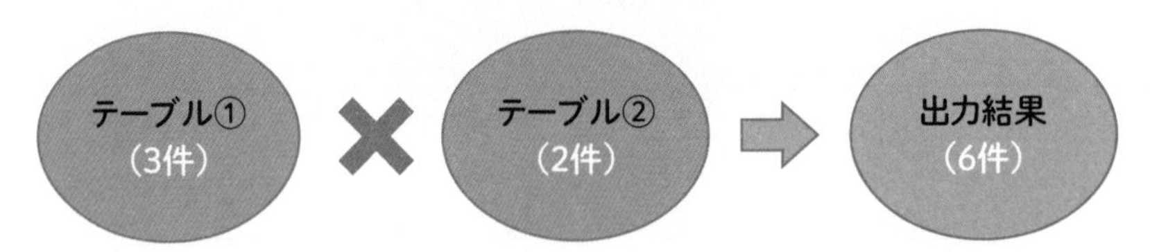

「交差結合は、2つのテーブルに存在するレコード数をかけた分だけ、結果の件数が取得される。
100件のレコードと持つテーブルと、同じく100件のレコードを持つテーブルを交差結合すると、10,000件の結果が返ってくる！

次の図は、「部門」テーブルと「役職」テーブルを交差結合するイメージです。

交差結合のイメージ

部門テーブル

部門コード	部門名
1	総務
2	営業
3	開発

役職テーブル

役職コード	役職名
1	部長
2	課長
3	係長

この2つのテーブルを交差結合した場合、出力される結果は、次のとおりです。

「部門」テーブルと「役職」テーブルを交差結合した結果

部門コード	部門名	役職コード	役職名
1	総務	1	部長
2	営業	1	部長
3	開発	1	部長
1	総務	2	課長
2	営業	2	課長
3	開発	2	課長
1	総務	3	係長
2	営業	3	係長
3	開発	3	係長

「部門」テーブルのレコード数が3件、同じく「役職」テーブルのレコード数が3件のため、
3×3＝9
となり、実行結果は9件となった

交差結合を明示する

交差結合は、FROM句にテーブル名を記述した際、このテーブルの結合条件を一切記述しなかった場合に発生します。

```
SELECT * FROM [テーブル名], [テーブル名];
```

CROSS JOINを用いて、交差結合を明示的に記述することも可能です。

```
SELECT [テーブル名].[カラム名]
FROM [テーブル名①] CROSS JOIN [テーブル名②]
```

たとえば、「部門」テーブルと「役職」テーブルを交差結合してみましょう。結果は、次のとおりです。

```
mysql> SELECT * FROM 部門 CROSS JOIN 役職; Enter
+------------+--------+------------+--------+
| 部門コード | 部門名 | 役職コード | 役職名 |
+------------+--------+------------+--------+
|          3 | 開発   |          1 | 部長   |
|          2 | 営業   |          1 | 部長   |
|          1 | 総務   |          1 | 部長   |
|          3 | 開発   |          2 | 課長   |
|          2 | 営業   |          2 | 課長   |
|          1 | 総務   |          2 | 課長   |
|          3 | 開発   |          3 | 係長   |
|          2 | 営業   |          3 | 係長   |
|          1 | 総務   |          3 | 係長   |
+------------+--------+------------+--------+
9 rows in set (0.00 sec)
```

意図せぬ交差結合

上述のとおり、結合条件の指定を忘れてしまうと、意図せず交差結合となってしまいます。たとえば、100件のレコードを持つテーブルどうしをうっかり交差結合してしまうと、その結果は100 × 100で10,000件ものレコードが返ってきます。

例として、「取引先」テーブルと「業種」テーブルを交差結合すると、6 × 4 = 24レコードの実行結果が返ってきます。

```
mysql> SELECT 取引先コード, 取引先名, 業種.業種コード, 業種名 Enter
    -> FROM 取引先, 業種; Enter
+--------------+--------------+------------+------------+
| 取引先コード | 取引先名     | 業種コード | 業種名     |
+--------------+--------------+------------+------------+
|            1 | 北海道製作所 |          4 | 小売業     |
|            1 | 北海道製作所 |          3 | 情報通信業 |
|            1 | 北海道製作所 |          2 | 観光業     |
|            1 | 北海道製作所 |          1 | 製造業     |
|            2 | 青森観光     |          4 | 小売業     |
～中略～
|            5 | 秋田商事     |          1 | 製造業     |
|            6 | 山形電機     |          4 | 小売業     |
|            6 | 山形電機     |          3 | 情報通信業 |
|            6 | 山形電機     |          2 | 観光業     |
|            6 | 山形電機     |          1 | 製造業     |
+--------------+--------------+------------+------------+
24 rows in set (0.00 sec)
```

6 × 4 = 24
24件のレコードが
返ってくる

交差結合について

問題1(レベル:やさしい)

「部門」テーブルと「取引先」テーブルを交差結合するSQLを、CROSS JOINを使って作成してください。

「部門」テーブルと「業種」テーブルを交差結合する

部門テーブル

部門コード	部門名
1	総務
2	営業
3	開発

×

業種テーブル

業種コード	業種名
1	製造業
2	観光業
3	情報通信業
4	小売業

求めたい結果

部門コード	部門名	業種コード	業種名
1	総務	1	製造業
2	営業	1	製造業
3	開発	1	製造業
1	総務	2	観光業
2	営業	2	観光業
3	開発	2	観光業
1	総務	3	情報通信業
2	営業	3	情報通信業
3	開発	3	情報通信業
1	総務	4	小売業
2	営業	4	小売業
3	開発	4	小売業

交差結合について

問題1の解説（レベル：やさしい）

交差結合のSQLは次のとおりです。

```
mysql> SELECT * FROM 部門 CROSS JOIN 業種 Enter
    -> ORDER BY 業種コード, 部門コード; Enter
+------------+--------+------------+------------+
| 部門コード     | 部門名  | 業種コード     | 業種名          |
+------------+--------+------------+------------+
|          1 | 総務    |          1 | 製造業         |
|          2 | 営業    |          1 | 製造業         |
|          3 | 開発    |          1 | 製造業         |
|          1 | 総務    |          2 | 観光業         |
|          2 | 営業    |          2 | 観光業         |
|          3 | 開発    |          2 | 観光業         |
|          1 | 総務    |          3 | 情報通信業      |
|          2 | 営業    |          3 | 情報通信業      |
|          3 | 開発    |          3 | 情報通信業      |
|          1 | 総務    |          4 | 小売業         |
|          2 | 営業    |          4 | 小売業         |
|          3 | 開発    |          4 | 小売業         |
+------------+--------+------------+------------+
12 rows in set (0.00 sec)
```

「部門」テーブルのデータが3件、「業種」テーブルのデータが4件のため、出力される結果は両方のデータ件数を掛け算した12件になります。

Chapter 04

データを集計する方法を学ぼう

集計関数とは

集計関数とは、指定されたテーブルのレコードの件数、ある数値型のカラムの合計値・平均値・最大値・最小値などを求める関数です。本節では、集計関数について説明します。

データの件数を取得する

指定したテーブルのレコード件数を取得するには、COUNT関数を使います。

書式

SELECT COUNT([カラム名]) FROM [テーブル名]

[カラム名]…件数カウント対象のカラム名

すべてのレコード件数を取得したい場合は、カラム名に"*"(アスタリスク)を指定します。"*"ではなくカラム名を指定した場合、該当するカラムがNULLのレコードについては、件数を取得しません。すべてのレコード件数を取得したい場合は"*"を、あるカラムがNULLのレコードを件数としてカウントしたくない場合は、そのカラム名をCOUNT関数に指定します。

では、社員テーブルに何件のレコードが登録されているか確認してみましょう。

「社員」テーブル

社員コード	社員名	性別	生年月日	血液型	部門コード	役職コード	上司社員コード
101	青木　信玄	男	1964/09/05	A	2	1	NULL
102	川本　夏鈴	女	1965/01/12	O	1	1	NULL
103	岡田　雅宣	男	1979/01/10	B	3	1	NULL
104	坂東　理恵	女	1979/07/26	O	1	2	102
105	安達　更紗	女	1979/09/13	B	2	2	101
106	森島　春美	女	1981/02/12	AB	3	3	103
107	五味　昌幸	男	1983/06/14	A	3	NULL	106
108	新井　琴美	女	1985/07/13	O	1	NULL	104
109	森本　昌也	男	1995/05/21	B	2	NULL	105
110	古橋　明憲	男	1996/01/20	O	3	NULL	106

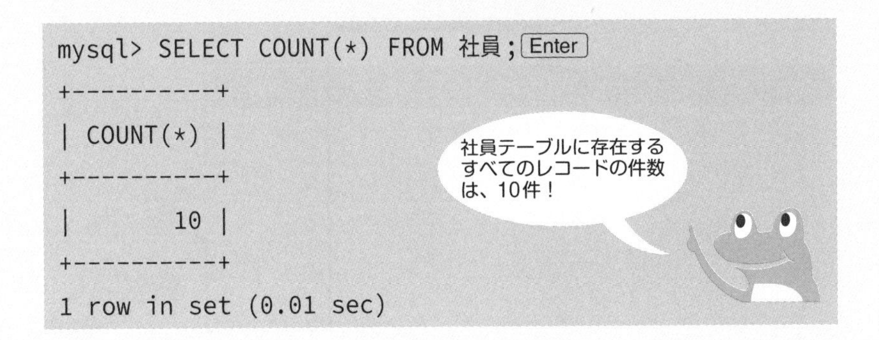

```
mysql> SELECT COUNT(*) FROM 社員; Enter
+----------+
| COUNT(*) |
+----------+
|       10 |
+----------+
1 row in set (0.01 sec)
```


また、役職コードをCOUNT関数に指定すると、次のような結果となります。当該カラムがNULLのレコードはカウントされません。

```
mysql> SELECT COUNT(役職コード) FROM 社員; Enter
+-----------------+
```

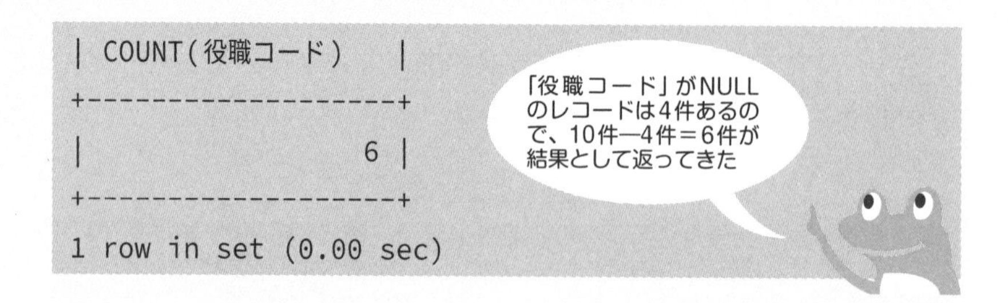

```
| COUNT(役職コード)    |
+-------------------+
|                 6 |
+-------------------+
1 row in set (0.00 sec)
```


合計値を取得する

指定したカラムの合計値を取得するには、SUM関数を使います。

書式

SELECT SUM([カラム名]) FROM [テーブル名]

［カラム名］…合計の計算対象のカラム名

合計の計算対象は数値型のカラムでなければいけません。たとえば、「家計簿」テーブルの「金額」カラムの合計を算出してみましょう。

「家計簿」テーブル

No	日付	項目	品名	金額
1	2021/3/27	食費	大根	100
2	2021/3/27	食費	豚バラ肉	300
3	2021/3/27	日用品	ティッシュ	230
4	2021/3/28	娯楽費	雑誌	700
5	2021/3/28	おやつ	ドーナツ	120

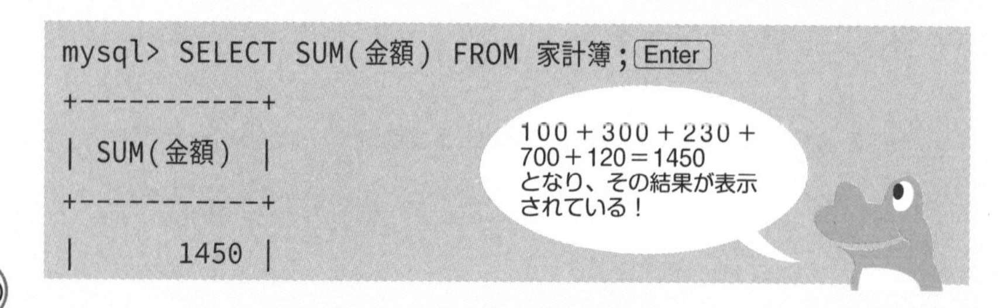

```
mysql> SELECT SUM(金額) FROM 家計簿; Enter
+-----------+
| SUM(金額)  |
+-----------+
|      1450 |
```

```
+-----------+
1 row in set (0.02 sec)
```

5件のレコードの合計は、100 + 300 + 230 + 700 + 120 = 1450ですので、正しい結果が得られているのを確認できました。

平均値を取得する

平均値を取得するには、AVG関数を使います。

書式

```
SELECT AVG([カラム名]) FROM [テーブル名]
  [カラム名]…平均の計算対象のカラム名
```

AVG関数も、計算対象は数値型のカラムでなければいけません。例として、「家計簿」テーブルの「金額」カラムの平均値を算出してみましょう。

```
mysql> SELECT AVG(金額) FROM 家計簿; Enter
+-----------+
| AVG(金額) |
+-----------+
|  290.0000 |
+-----------+
1 row in set (0.01 sec)
```

なお、COUNT(*)以外の集計関数は、値が入っていない(NULL)レコードを除いて計算されます。次のページのケースでは4件のレコードの平均ではなく、「No」が「3」のレコードを除いた3件のレコードの平均である200円((100 + 200 + 300) ÷ 3)が算出されます。

「家計簿」テーブル(別データの例)

No	日付	項目	品名	金額
1	2021/3/29	食費	ニンジン	100
2	2021/3/29	食費	豚ひき肉	200
3	2021/3/30	日用品	ティッシュ	NULL
4	2021/3/31	娯楽費	雑誌	300

最大値・最小値を取得する

指定したカラムの最大値を取得するには、MAX関数を使います。

書式

SELECT MAX ([カラム名]) FROM [テーブル名]

[カラム名] …最大値の取得対象のカラム名

また、指定したカラムの最小値を取得するには、MIN関数を使います。

書式

SELECT MIN ([カラム名]) FROM [テーブル名]

[カラム名] …最小値の取得対象のカラム名

最大値・最小値の取得対象は数値型のカラムでなければいけません。例として、「家計簿」テーブルの「金額」カラムの最大値・最小値をそれぞれ求めてみましょう。

「家計簿」テーブル

No	日付	項目	品名	金額
1	2021/3/27	食費	大根	100
2	2021/3/27	食費	豚バラ肉	300

3	2021/3/27	日用品	ティッシュ	230
4	2021/3/28	娯楽費	雑誌	700
5	2021/3/28	おやつ	ドーナツ	120

次のようなSQLで、「家計簿」テーブルの「金額」における最大値と最小値を同時に求めることができます。

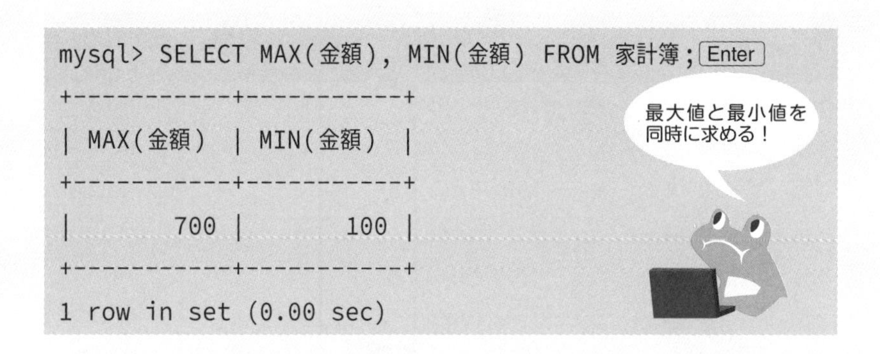

```
mysql> SELECT MAX(金額), MIN(金額) FROM 家計簿; Enter
+-----------+-----------+
| MAX(金額) | MIN(金額) |
+-----------+-----------+
|       700 |       100 |
+-----------+-----------+
1 row in set (0.00 sec)
```


また、277ページで説明した別名（エイリアス）を用いることで、結果として表示される列名を変更することができます。

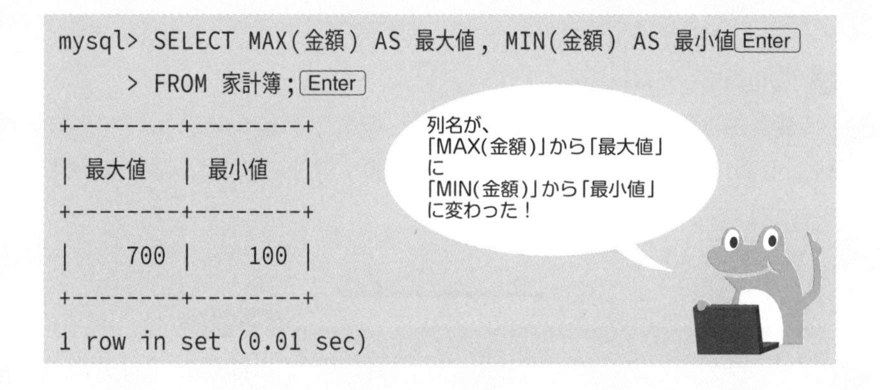

```
mysql> SELECT MAX(金額) AS 最大値, MIN(金額) AS 最小値 Enter
    > FROM 家計簿; Enter
+--------+--------+
| 最大値 | 最小値 |
+--------+--------+
|    700 |    100 |
+--------+--------+
1 row in set (0.01 sec)
```


このように、SELECT句の後ろに別名を用いても、SQLをわかりやすくする効果があります。

データを集計する方法を学ぼう

問題1（レベル：ふつう）

「社員」テーブルで「血液型」が“A”の社員は何名いるか、件数を取得するSQLを作成してください。

「社員」テーブル

社員コード	社員名	性別	生年月日	血液型	部門コード	役職コード	上司社員コード
101	青木　信玄	男	1964/09/05	A	2	1	NULL
102	川本　夏鈴	女	1965/01/12	O	1	1	NULL
103	岡田　雅宣	男	1979/01/10	B	3	1	NULL
104	坂東　理恵	女	1979/07/26	O	1	2	102
105	安達　更紗	女	1979/09/13	B	2	2	101
106	森島　春美	女	1981/02/12	AB	3	3	103
107	五味　昌幸	男	1983/06/14	A	3	NULL	106
108	新井　琴美	女	1985/07/13	O	1	NULL	104
109	森本　昌也	男	1995/05/21	B	2	NULL	105
110	古橋　明憲	男	1996/01/20	O	3	NULL	106

問題2（レベル：ふつう）

「家計簿」テーブルで「項目」が“食費”のデータについて、データ件数、金額の合計値、平均値、最大値、最小値を一度に取得するSQLを作成してください。

「家計簿」テーブル

No	日付	項目	品名	金額
1	2021/3/27	食費	大根	100
2	2021/3/27	食費	豚バラ肉	300
3	2021/3/27	日用品	ティッシュ	230
4	2021/3/28	娯楽費	雑誌	700
5	2021/3/28	おやつ	ドーナツ	120

ヒント

問題1・2に共通して、まずは、レコードを絞り込む必要がありますね。

データを集計する方法を学ぼう

問題1の解説（レベル：ふつう）

集計関数（COUNT）と「行を絞り込んで取得する」で学んだ内容を合わせることによりSQLを作成することができます。SQLは次のとおりです。

```
mysql> SELECT COUNT(*) FROM 社員 WHERE 血液型 = 'A'; Enter
+----------+
| COUNT(*) |
+----------+
|        2 |
+----------+
1 row in set (0.00 sec)
```

問題2の解説（レベル：ふつう）

集計関数をSELECT句に並べて、WHERE句で行を絞り込んで取得します。SQLは次のとおりです。

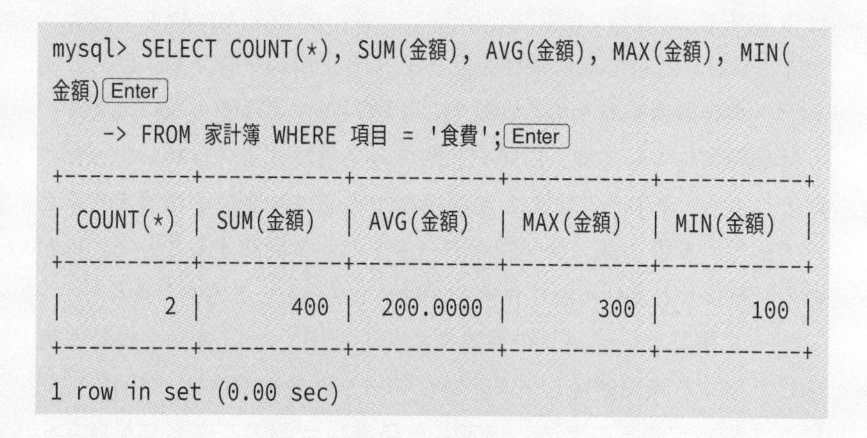

```
mysql> SELECT COUNT(*), SUM(金額), AVG(金額), MAX(金額), MIN(
金額) Enter
    -> FROM 家計簿 WHERE 項目 = '食費'; Enter
+----------+----------+----------+----------+----------+
| COUNT(*) | SUM(金額)  | AVG(金額)  | MAX(金額)  | MIN(金額)  |
+----------+----------+----------+----------+----------+
|        2 |      400 | 200.0000 |      300 |      100 |
+----------+----------+----------+----------+----------+
1 row in set (0.00 sec)
```

Chapter 04

この章のまとめ

本章では、データ型に関するデータ操作、テーブルの内部結合と外部結合、データ集計に関するデータ操作、の3つの節に分類し、より実践的なSQLについて、説明しました。

データ型に関するデータ操作は、データ型を文字列型・数値型・日付型の3つに分け、それぞれで使用頻度が高いと思われる関数の説明を中心に行いました。文字列型でいえば文字列の結合や文字検索、数値型でいえば四捨五入や切り上げ・切り捨てのようなまるめ処理、日付型でいえば日付の加減算などが、実業務でも非常に使用頻度が高いデータ操作です。

テーブルの内部結合と外部結合は、SQL初学者のうちはなかなか理解しづらい部分でしょう。内部結合に関しては、FROM句にINNER JOINを使って結合条件を記すか、WHERE句に結合条件を記すか、好みがわかれるところです。筆者は、FROM句にINNER JOINを使う方法を好んで使います。その理由は、WHERE句を見なくてもどのようなテーブルの相関となっているかがわかるためです。とはいえ、WHERE句に結合条件を記す方法も正解の1つです。目的とするデータを取得するためのSQLは、1種類だけとは限らないのです。

外部結合については、口頭や文章のみで理解するのは難しかったことでしょう。筆者も、SQLを学び始めた当初はなかなか理解できませんでした。本書では、サンプルデータを用いて図解することで、ほかの入門書よりもよりわかりやすく説明することをこころがけました。

データ集計は、データの件数を取得したり、合計値や平均値を算出したりする際に使用します。特にデータ件数の取得は、WHERE句に条件を指定することで、指定した条件に合致するデータが存在するかどうかをチェックする際に多く利用されます。

応用的なSQLを学ぼう

Chapter 05

高度な集計を行うには

グループごとに集計を行うには

前章では、指定されたテーブルにおけるすべてのレコードに対して集計する例を示しました。本章では、指定したカラムの値ごとにグループ化して、集計を行う方法について、説明します。指定したカラムをグループ化して集計を行う場合は、GROUP BY句を使います。

書式

SELECT［カラム名］,［集計関数］FROM［テーブル名］
GROUP BY［カラム名］

［カラム名］…集計する際にグループ化する対象となるカラム名
［集計関数］…グループ化したカラムごとに行う集計関数

SELECT句には、GROUP BY句に指定した［カラム名］、もしくは集計関数しか指定できません。GROUP BY句に指定したカラム以外をSELECT句に指定した場合は、エラーとなります。

例として、「社員」テーブルより、「性別」ごとの社員の人数を数える場合、次のようなSQLを実行します。

「社員」テーブルの「性別」の種類ごとに件数を取得する

社員テーブル

社員コード	社員名	性別	生年月日	血液型	部門コード	役職コード	上司社員コード
101	青木　信玄	男	1964/09/05	A	2	1	NULL
102	川本　夏鈴	女	1965/01/12	O	1	1	NULL
103	岡田　雅宣	男	1979/01/10	B	3	1	NULL
104	坂東　理恵	女	1979/07/26	O	1	2	102
105	安達　更紗	女	1979/09/13	B	2	2	101
106	森島　春美	女	1981/02/12	AB	3	3	103
107	五味　昌幸	男	1983/06/14	A	3	NULL	106
108	新井　琴美	女	1985/07/13	O	1	NULL	104
109	森本　昌也	男	1995/05/21	B	2	NULL	105
110	古橋　明憲	男	1996/01/20	O	3	NULL	106

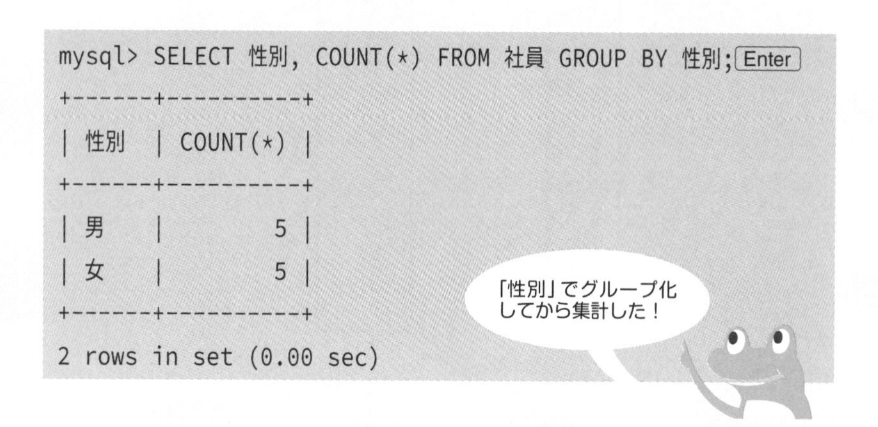

```
mysql> SELECT 性別, COUNT(*) FROM 社員 GROUP BY 性別; Enter
+------+----------+
| 性別 | COUNT(*) |
+------+----------+
| 男   |        5 |
| 女   |        5 |
+------+----------+
2 rows in set (0.00 sec)
```


この場合、たとえば「社員名」を同時に取得することはできません。「性別」でグループ化しているからですね。

そのため、次のようなSQLはエラーとなります。

SELECT 社員名, 性別, COUNT(*) FROM 社員
GROUP BY 性別;

エラーになる

また複数のカラムでグループ化することも可能です。その場合は、カラム名を“,”（カンマ）で区切って並べます。たとえば“性別”と“血液型”ごとの社員数を数える場合、次のようにします。

「社員」テーブルの「性別」「血液型」の種類ごとに件数を取得する

社員テーブル

社員コード	社員名	性別	生年月日	血液型	部門コード	役職コード	上司社員コード
101	青木　信玄	男	1964/09/05	A	2	1	NULL
102	川本　夏鈴	女	1965/01/12	O	1	1	NULL
103	岡田　雅宣	男	1979/01/10	B	3	1	NULL
104	坂東　理恵	女	1979/07/26	O	1	2	102
105	安達　更紗	女	1979/09/13	B	2	2	101
106	森島　春美	女	1981/02/12	AB	3	3	103
107	五味　昌幸	男	1983/06/14	A	3	NULL	106
108	新井　琴美	女	1985/07/13	O	1	NULL	104
109	森本　昌也	男	1995/05/21	B	2	NULL	105
110	古橋　明憲	男	1996/01/20	O	3	NULL	106

```
mysql> SELECT 性別, 血液型, COUNT(*) FROM 社員 Enter
    -> GROUP BY 性別, 血液型; Enter
+------+--------+----------+
| 性別 | 血液型 | COUNT(*) |
+------+--------+----------+
| 男   | A      |        2 |
| 女   | O      |        3 |
```

```
| 男    | B      |         2 |
| 女    | B      |         1 |
| 女    | AB     |         1 |
| 男    | O      |         1 |
+------+--------+----------+
6 rows in set (0.00 sec)
```


実行結果をみると、3つめの列名が「COUNT(*)」となっていますね。

あまり見た目が美しくないですね。このような場合でも、前章で説明した別名が有効です。

次のようSQLを変更し、「COUNT(*)」に該当する部分に、"件数"という別名を付けることができます。

```
SELECT 性別, 血液型, COUNT(*) AS 件数 FROM 社員
GROUP BY 性別, 血液型;
```

このSQLの実行結果は、次のとおりです。

```
mysql> SELECT 性別, 血液型, COUNT(*) AS 件数 FROM 社員 Enter
    -> GROUP BY 性別, 血液型; Enter
+------+--------+------+
| 性別  | 血液型  | 件数  |
+------+--------+------+
| 男    | A      |    2 |
| 女    | O      |    3 |
| 男    | B      |    2 |
| 女    | B      |    1 |
| 女    | AB     |    1 |
| 男    | O      |    1 |
+------+--------+------+
6 rows in set (0.00 sec)
```

データベースを利用したアプリケーションを開発する際も、「COUNT(*)」のままよりも、別名を付けてわかりやすくした列名が返ってくる方が当該値を扱いやすいですので、別名を利用してわかりやすいSQLを作成することを心がけましょう。

 グループごとに集計した結果で絞り込むには

データを絞り込むためにはWHERE句を使いましたね。WHERE句は集計前のレコードを絞り込むために使用しました。これに対し、集計した結果に対して絞り込むためにはHAVING句を使います。

書式

SELECT［集計関数］FROM［テーブル名］
HAVING［集計関数を利用した抽出条件］

［集計関数を利用した抽出条件］…集計した結果を絞り込む条件

条件の書き方はWHERE句と同じです。前ページにて「社員」テーブルを“性別”と“血液型”ごとにグループ化して社員数を数えましたが、さらにグループ化した後の社員数が2名以上で絞り込んでみましょう。

```
mysql> SELECT 性別, 血液型, COUNT(*) FROM 社員 Enter
    -> GROUP BY 性別, 血液型 Enter
    -> HAVING COUNT(*) >= 2; Enter
+------+--------+----------+
| 性別 | 血液型 | COUNT(*) |
+------+--------+----------+
| 男   | A      |        2 |
| 女   | O      |        3 |
| 男   | B      |        2 |
+------+--------+----------+
3 rows in set (0.00 sec)
```

グループした結果から、件数が2件以上のものに絞り込んだ

集計結果に対して、社員数が2名以上で絞り込みができました。
では次に社員数が2名以上かつ男性のみで絞り込んでみましょう。

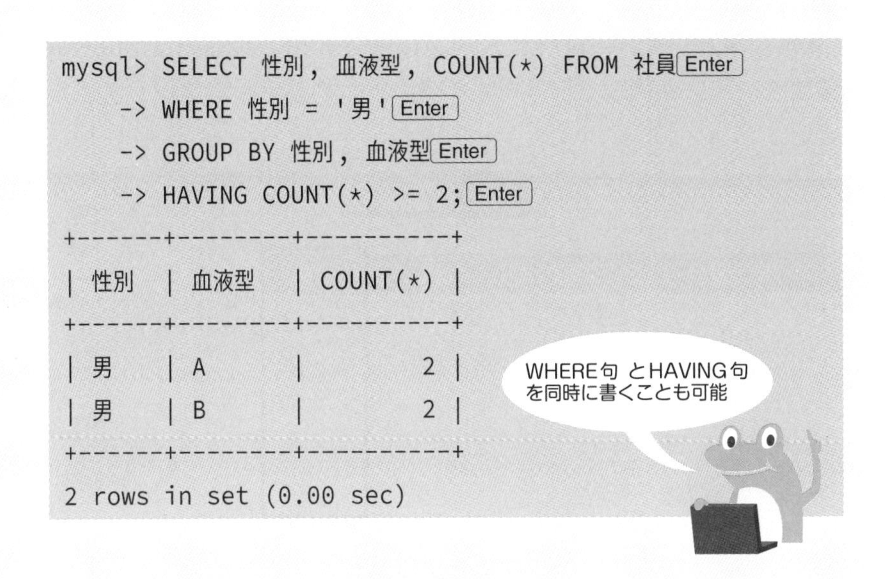


```
mysql> SELECT 性別, 血液型, COUNT(*) FROM 社員 Enter
    -> WHERE 性別 = '男' Enter
    -> GROUP BY 性別, 血液型 Enter
    -> HAVING COUNT(*) >= 2; Enter
+------+--------+----------+
| 性別 | 血液型 | COUNT(*) |
+------+--------+----------+
| 男   | A      |        2 |
| 男   | B      |        2 |
+------+--------+----------+
2 rows in set (0.00 sec)
```

"性別"の条件は、HAVING句ではなくWHERE句に書いています。
ちなみに、HAVING句に書いても結果は同じです。

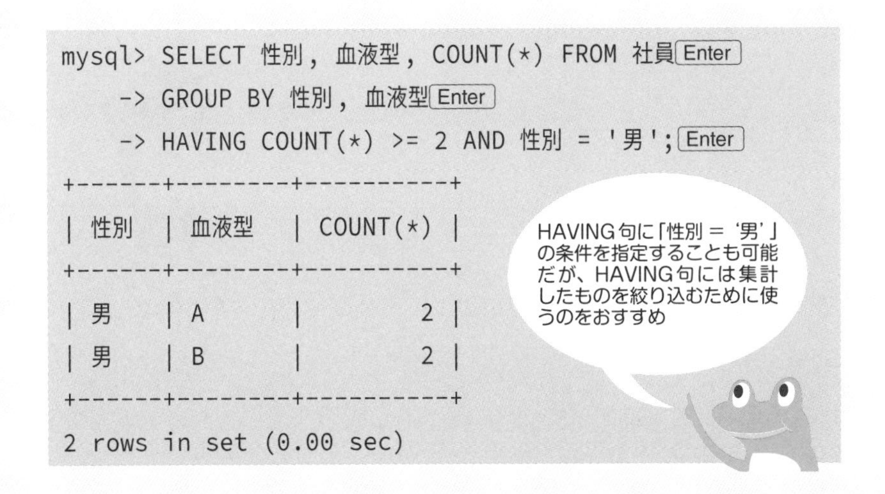


```
mysql> SELECT 性別, 血液型, COUNT(*) FROM 社員 Enter
    -> GROUP BY 性別, 血液型 Enter
    -> HAVING COUNT(*) >= 2 AND 性別 = '男'; Enter
+------+--------+----------+
| 性別 | 血液型 | COUNT(*) |
+------+--------+----------+
| 男   | A      |        2 |
| 男   | B      |        2 |
+------+--------+----------+
2 rows in set (0.00 sec)
```

高度な集計を行うには

問題1（レベル：やさしい）

「家計簿」テーブルの「日付」ごとのデータ件数、金額の合計値、平均値を一度に取得し、日付順の昇順に出力するSQLを作成してください。

「家計簿」テーブル

No	日付	項目	品名	金額
1	2021/3/27	食費	大根	100
2	2021/3/27	食費	豚バラ肉	300
3	2021/3/27	日用品	ティッシュ	230
4	2021/3/28	娯楽費	雑誌	700
5	2021/3/28	おやつ	ドーナツ	120

求めたい結果

日付	件数	合計金額	平均金額
2021/3/27	3	630	210
2021/3/28	2	820	410

問題2（レベル：むずかしい）

「社員」テーブル、「給与」テーブル、「部門」テーブルをもとに、平均給与が50万円以上の部門を絞り込み、「部門コード」「部門名」「平均給与」を出力するSQLを作成してください。

「社員」テーブルと、「給与」「部門」テーブルを結合し、部門ごとの給与を算出

社員テーブル

社員コード	社員名	性別	生年月日	血液型	部門コード	役職コード	上司社員コード
101	青木　信玄	男	1964/09/05	A	2	1	NULL
102	川本　夏鈴	女	1965/01/12	O	1	1	NULL
103	岡田　雅宣	男	1979/01/10	B	3	1	NULL
104	坂東　理恵	女	1979/07/26	O	1	2	102
105	安達　更紗	女	1979/09/13	B	2	2	101
106	森島　春美	女	1981/02/12	AB	3	3	103
107	五味　昌幸	男	1983/06/14	A	3	NULL	106
108	新井　琴美	女	1985/07/13	O	1	NULL	104
109	森本　昌也	男	1995/05/21	B	2	NULL	105
110	古橋　明憲	男	1996/01/20	O	3	NULL	106

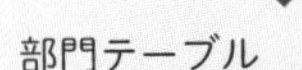

給与テーブル

社員コード	金額
101	1000000
102	952000
103	702000
104	640000
105	636000
106	591000
107	404000
108	388000
109	307000
110	287000

部門テーブル

部門コード	部門名
1	総務
2	営業
3	開発

求めたい結果

部門コード	部門名	平均給与
1	総務	660000
2	営業	647666

（「開発」の平均給与は496000なので表示されない）

高度な集計を行うには

問題1の解説（レベル：やさしい）

SELECT句に日付、集計関数を並べて、GROUP BY句に「日付」カラムを指定します。また「日付」の昇順に出力するため、ORDER BY句でも「日付」カラムを指定します。SQLは次のとおりです。

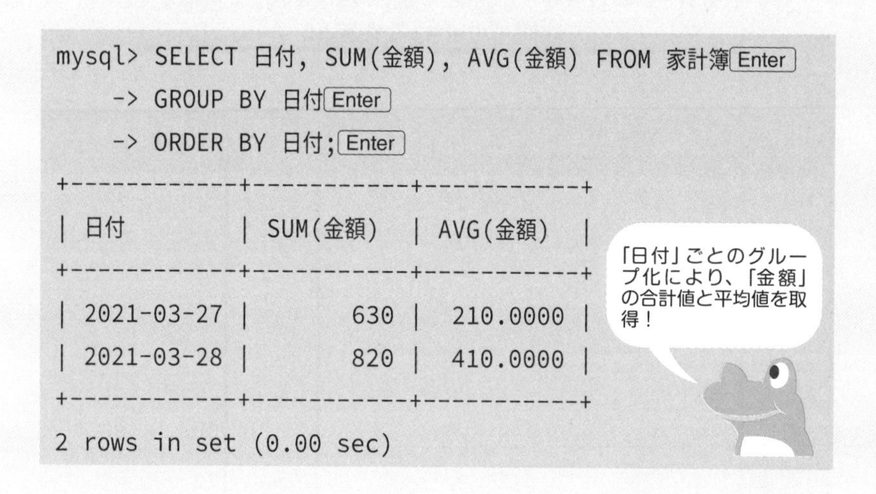

```
mysql> SELECT 日付, SUM(金額), AVG(金額) FROM 家計簿 Enter
    -> GROUP BY 日付 Enter
    -> ORDER BY 日付; Enter
+------------+-----------+-----------+
| 日付       | SUM(金額) | AVG(金額) |
+------------+-----------+-----------+
| 2021-03-27 |       630 |  210.0000 |
| 2021-03-28 |       820 |  410.0000 |
+------------+-----------+-----------+
2 rows in set (0.00 sec)
```


SELECT句には、GROUP BY句で指定された集計単位のカラム、集計関数のみ指定できます。ORDER BY句は、GROUP BY句よりも後（最後）に書きます。集計された結果に対して並び替えを行います。

SELECT［カラム名（集計単位,集計関数）］
FROM［テーブル名］
WHERE［レコードに対する条件］
GROUP BY［カラム名（集計単位）］
HAVING［集計結果に対する条件］
ORDER BY［カラム名（ソート順）］;

書く順番は、左記のとおり

問題2の解説（レベル：むずかしい）

集計した結果に対して絞り込むにはHAVING句を使います。SQLは次のとおりです。

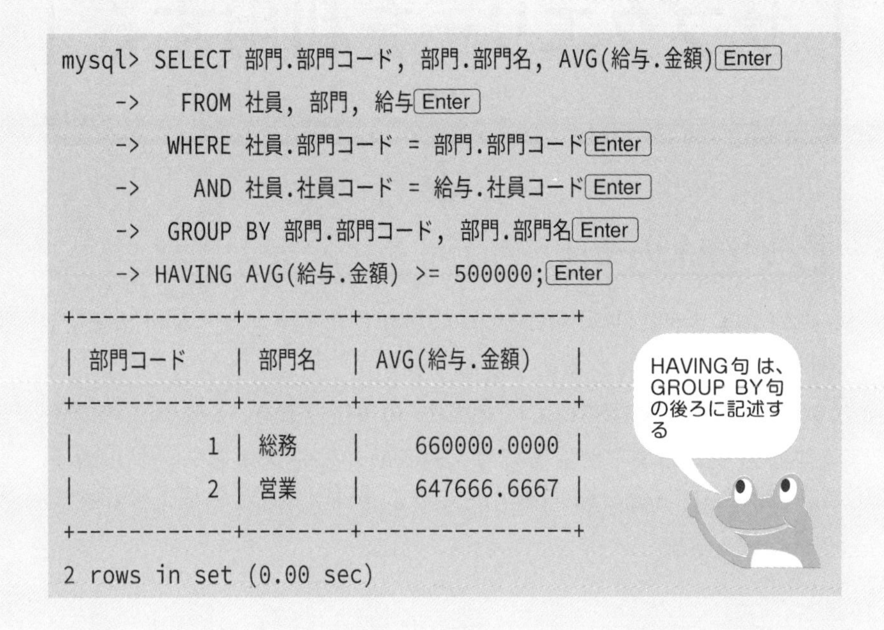

```
mysql> SELECT 部門.部門コード, 部門.部門名, AVG(給与.金額) Enter
    ->   FROM 社員, 部門, 給与 Enter
    ->  WHERE 社員.部門コード = 部門.部門コード Enter
    ->    AND 社員.社員コード = 給与.社員コード Enter
    ->  GROUP BY 部門.部門コード, 部門.部門名 Enter
    -> HAVING AVG(給与.金額) >= 500000; Enter
+-----------+-------+---------------+
| 部門コード    | 部門名  | AVG(給与.金額)    |
+-----------+-------+---------------+
|         1 | 総務    |   660000.0000 |
|         2 | 営業    |   647666.6667 |
+-----------+-------+---------------+
2 rows in set (0.00 sec)
```


またFROM句に結合条件を書く場合、SQLは次のとおりです。

```
mysql> SELECT 部門.部門コード, 部門.部門名, AVG(給与.金額) Enter
    ->   FROM 社員 INNER JOIN 部門 ON 社員.部門コード = 部門.部門コ
ード Enter
    ->        INNER JOIN 給与 Enter
    ->           ON 社員.社員コード = 給与.社員コード Enter
    ->  GROUP BY 部門.部門コード, 部門.部門名 Enter
    -> HAVING AVG(給与.金額) >= 500000; Enter
```

このように、FROM句に結合条件を書く場合でも、WHERE句に結合条件を書く場合と同じ結果となり、正解です。

Chapter 05

サブクエリーを利用する

サブクエリーとは

サブクエリーとは、SQL文の中に書かれたもう1つのSQL文です。**副問い合わせ**と呼ばれることもあります。

サブクエリーは、SELECTコマンドの実行結果を、SELECT句で表示するカラムのように使ったり、FROM句に指定するテーブルのように使ったり、WHERE句でレコードを絞り込む条件で使ったりすることができます。

SELECT句での使用

SELECT句の中だけで、他のテーブルの値を取得できます。FROM句やWHERE句に他のテーブルを書かなくても参照できます。

```
SELECT
    [カラム名①],
    (SELECT [カラム名②] FROM [テーブル名②] WHERE [条件②])
FROM [テーブル名①]
```

- **サブクエリーのSELECT句に指定できるのは1カラムのみ**
- **サブクエリーの結果は1レコード**

FROM句での使用

FROM句の中には通常はテーブルを指定しますが、テーブルのかわりにサブクエリーを指定します。

```
SELECT［カラム名①］
FROM（
    SELECT［カラム名②］FROM［テーブル名②］WHERE［条件②］
）
```

・サブクエリーのSELECT句には、複数カラムの指定が可能

・サブクエリーの結果は、複数レコードも可能

WHERE句での使用

他のテーブルの特定の条件を満たす値を、検索条件として使用します。

```
SELECT［カラム名①］
FROM［テーブル名①］
WHERE［検索対象カラム］=（
    SELECT［カラム名②］FROM［テーブル名②］WHERE［条件②］
）
```

・WHERE句に記述するサブクエリーは、レコードの抽出条件として使われる

・上記の書き方以外にも、後述するEXISTS句やIN句でも利用可能で、複数のカラムや複数のレコードの結果を返すSELECTコマンドがサブクエリーになりうる

取得する項目としてサブクエリーを用いるには

取得する項目としてサブクエリーを利用することにより、SELECT句の中だけで、他のテーブルの値を取得できます。

例として、「社員」テーブルのSELECTコマンドに、「システム利用時間」テーブルのサブクエリーを利用するサンプルを見てみましょう。

「システム利用時間」テーブルを用いたサブクエリを作る

社員テーブル

社員コード	社員名
101	青木　信玄
102	川本　夏鈴
103	岡田　雅宣
104	坂東　理恵
105	安達　更紗
106	森島　春美
107	五味　昌幸
108	新井　琴美
109	森本　昌也
110	古橋　明憲

「社員コード」
どうしを紐づけ

サブクエリー

「システム利用時間」テーブルを
サブクエリーとして参照

システム利用時間

社員コード	日付	秒数
101	2021/8/1	2498
102	2021/8/1	1175
103	2021/8/1	2108
104	2021/8/1	3263
105	2021/8/1	2808
106	2021/8/1	2543
107	2021/8/1	3219
108	2021/8/1	1532
109	2021/8/1	3510
110	2021/8/1	2928

```
mysql> SELECT S.社員コード, S.社員名, ( Enter
    ->             SELECT SUM(秒数) FROM システム利用時間 AS
T Enter
    ->             WHERE T.社員コード = S.社員コード Enter
    ->         ) AS 時間 Enter
    -> FROM 社員 AS S; Enter
+------------+------------+------+
| 社員コード    | 社員名          | 時間   |
+------------+------------+------+
|        101 | 青木　信玄      | 2498 |
|        102 | 川本　夏鈴      | 1175 |
|        103 | 岡田　雅宣      | 2108 |
|        104 | 坂東　理恵      | 3263 |
|        105 | 安達　更紗      | 2808 |
|        106 | 森島　春美      | 2543 |
|        107 | 五味　昌幸      | 3219 |
|        108 | 新井　琴美      | 1532 |
|        109 | 森本　昌也      | 3510 |
|        110 | 古橋　明憲      | 2928 |
+------------+------------+------+
10 rows in set (0.00 sec)
```

「時間」列には、「システム利用時間」テーブルにおける「社員コード」ごとの「秒数」が表示されている

　サブクエリーのSELECT句に指定できるのは1カラムのみです。またサブクエリーの結果は1レコードとなります。サブクエリー内のWHERE句で“S.社員コード = T.社員コード”としていますが、これはサブクエリーで使用している「システム利用時間」テーブルの「社員コード」と、メインクエリーの「社員」テーブルの「社員コード」で結合しています。

FROM句の中にサブクエリーを用いるには

サブクエリーは、FROM句の中で用いることも可能です。

たとえば、「社員」テーブルから「血液型」が“O”の社員データを取得するSQLを、サブクエリーを使って作成してみます。

```
mysql> SELECT 社員コード, 社員名, 血液型 Enter
    -> FROM (SELECT * FROM 社員 WHERE 血液型 = 'O') AS O型; Enter
+-----------+-----------+--------+
| 社員コード  | 社員名      | 血液型  |
+-----------+-----------+--------+
|       102 | 川本 夏鈴   | O      |
|       104 | 坂東 理恵   | O      |
|       108 | 新井 琴美   | O      |
|       110 | 古橋 明憲   | O      |
+-----------+-----------+--------+
4 rows in set (0.01 sec)
```

FROM句のサブクエリーについて説明するために、あえていったん、血液型が「O」型の社員をサブクエリー化している

FROM句のサブクエリーには、別名を付ける必要があります。別名を付けないと、エラーとなります。

このSQLは、FROM句でサブクエリーを使う方法を説明するために作成したものですが、通常は、次のようにサブクエリーを使わなくても実装可能です。

```
SELECT 社員コード, 社員名, 血液型 FROM 社員 WHERE 血液型
= 'O';
```

FROM句のサブクエリーの場合、O型のサブクエリーを作成（抽出）してから、社員コード、社員名、性別を表示しているイメージです。

「血液型」がO型の社員の「社員コード」「社員名」「性別」を取得

O型（サブクエリー）

社員コード	社員名	性別	生年月日	血液型	部門コード	役職コード	上司社員コード
102	川本　夏鈴	女	1965/01/12	O	1	1	NULL
104	坂東　理恵	女	1979/07/26	O	1	2	102
108	新井　琴美	女	1985/07/13	O	1	NULL	104
110	古橋　明憲	男	1996/01/20	O	3	NULL	106

また、次のSQLのように、FROM句の中に複数のサブクエリーを用いることも可能です。

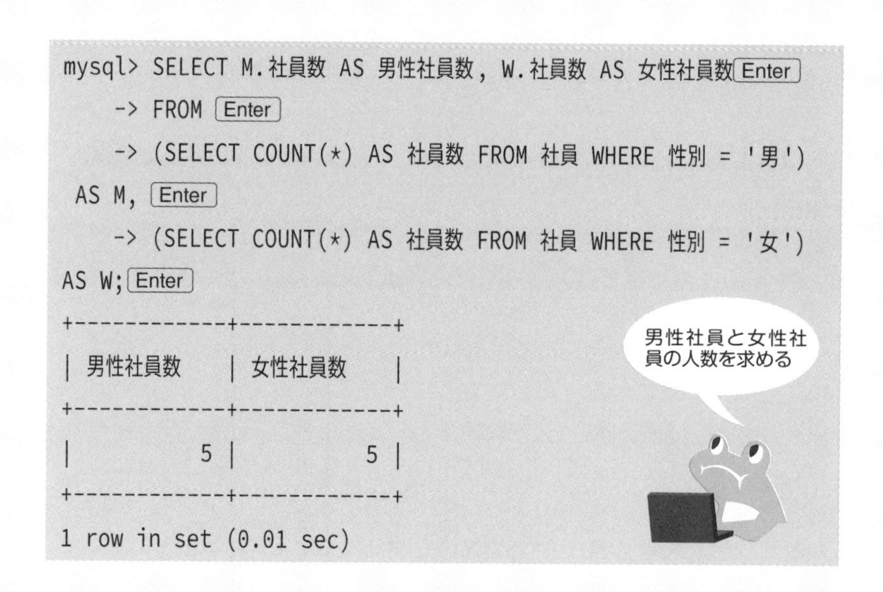


```
mysql> SELECT M.社員数 AS 男性社員数, W.社員数 AS 女性社員数 Enter
    -> FROM Enter
    -> (SELECT COUNT(*) AS 社員数 FROM 社員 WHERE 性別 = '男')
 AS M, Enter
    -> (SELECT COUNT(*) AS 社員数 FROM 社員 WHERE 性別 = '女')
AS W; Enter
+-----------+-----------+
| 男性社員数 | 女性社員数 |
+-----------+-----------+
|         5 |         5 |
+-----------+-----------+
1 row in set (0.01 sec)
```

男性社員と女性社員を別々にテーブルのように扱う

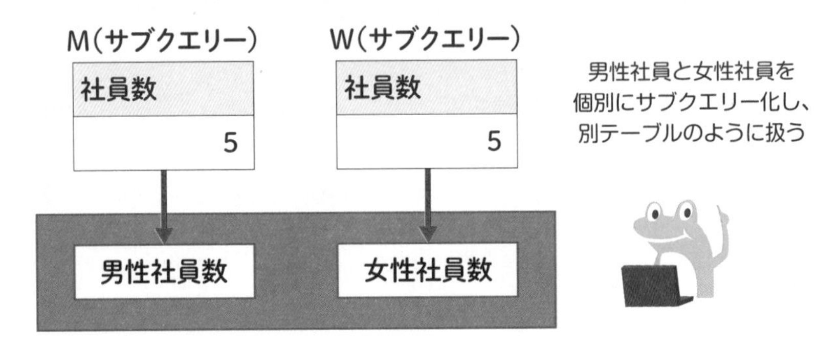

WHERE句の中にサブクエリーを用いるには

WHERE句の中にサブクエリーを用いることにより、他のテーブルの値を検索条件として利用できます。

「部門」テーブルの抽出結果を「社員」テーブルの抽出条件に使う

社員テーブル

社員コード	社員名	性別	生年月日	血液型	部門コード	役職コード	上司社員コード
101	青木　信玄	男	1964/09/05	A	2	1	NULL
102	川本　夏鈴	女	1965/01/12	O	1	1	NULL
103	岡田　雅宣	男	1979/01/10	B	3	1	NULL
104	坂東　理恵	女	1979/07/26	O	1	2	102
105	安達　更紗	女	1979/09/13	B	2	2	101
106	森島　春美	女	1981/02/12	AB	3	3	103
107	五味　昌幸	男	1983/06/14	A	3	NULL	106
108	新井　琴美	女	1985/07/13	O	1	NULL	104
109	森本　昌也	男	1995/05/21	B	2	NULL	105
110	古橋　明憲	男	1996/01/20	O	3	NULL	106

部門テーブル

部門コード	部門名
1	総務
2	営業
3	開発

サブクエリー

たとえば、「社員」テーブルには“総務”に勤務する社員が何人在籍しているのかを求めるSQLを見てみましょう。そのためには、まずは「部門」テーブルより、「部門名」が“総務”となっているレコードの「部門コード」を求め、その「部門コード」と「社員」テーブルの「部門コード」が等しい社員のレコードを取得する必要があります。

これを満たすSQLは、次のようになります。

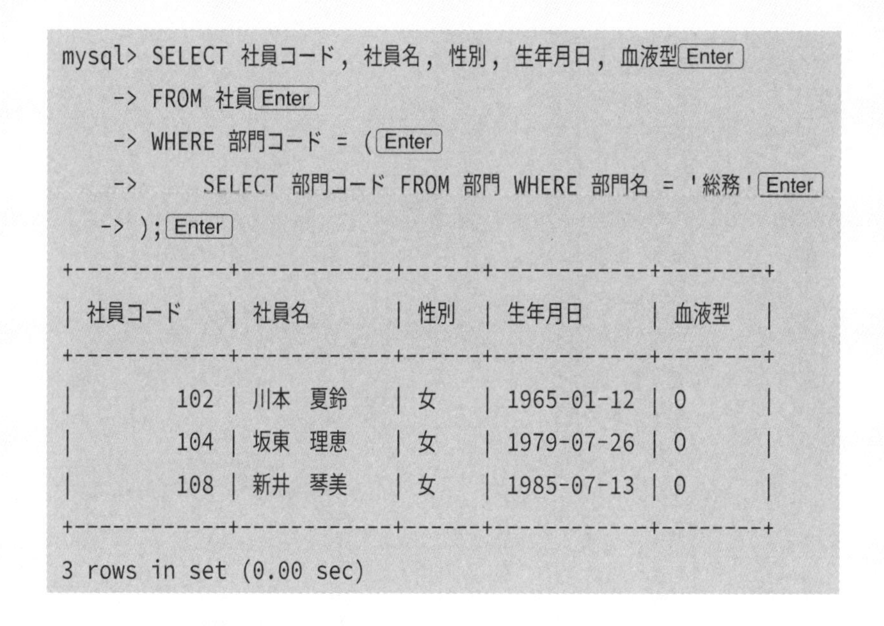

```
mysql> SELECT 社員コード, 社員名, 性別, 生年月日, 血液型 Enter
    -> FROM 社員 Enter
    -> WHERE 部門コード = ( Enter
    ->      SELECT 部門コード FROM 部門 WHERE 部門名 = '総務' Enter
   -> ); Enter
+------------+------------+------+------------+--------+
| 社員コード | 社員名     | 性別 | 生年月日   | 血液型 |
+------------+------------+------+------------+--------+
|        102 | 川本　夏鈴 | 女   | 1965-01-12 | 0      |
|        104 | 坂東　理恵 | 女   | 1979-07-26 | 0      |
|        108 | 新井　琴美 | 女   | 1985-07-13 | 0      |
+------------+------------+------+------------+--------+
3 rows in set (0.00 sec)
```

サブクエリーの結果は複数レコードも可能です。ただし複数レコードを返す場合は、「=」ではなく、「IN」句を使います。「IN」句については、次節で説明します。

また、「EXISTS」句を用いることで、サブクエリーが返すレコードが存在するかどうかをメインクエリーの抽出条件として用いることも可能です。「EXISTS」句についても、次節で説明します。

サブクエリーを利用する

問題1（レベル：ふつう）

「社員」テーブルと「部門」テーブルより、「社員コード」「社員名」「部門コード」「部門名」を出力するSQLを作成してください。ただし、「部門」テーブルをFROM句で使うのを禁じます。

「部門」テーブルをサブクエリで利用する

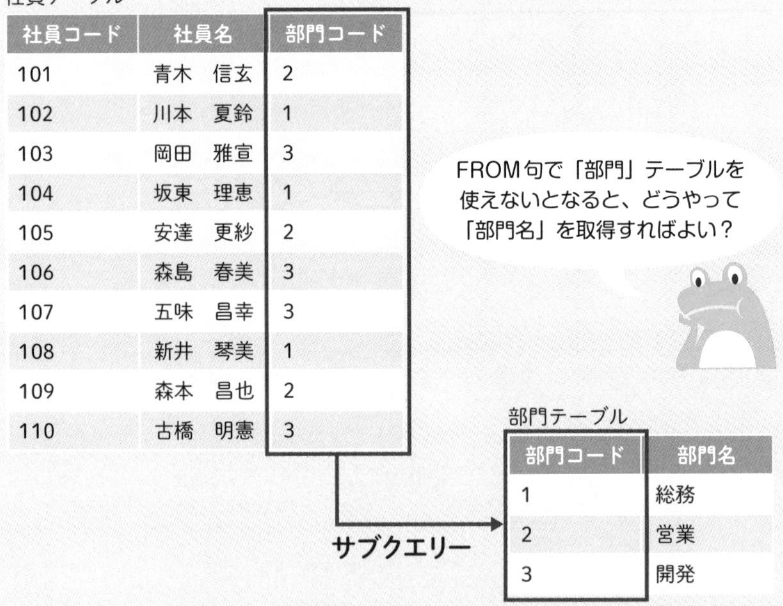

社員テーブル

社員コード	社員名	部門コード
101	青木　信玄	2
102	川本　夏鈴	1
103	岡田　雅宣	3
104	坂東　理恵	1
105	安達　更紗	2
106	森島　春美	3
107	五味　昌幸	3
108	新井　琴美	1
109	森本　昌也	2
110	古橋　明憲	3

部門テーブル

部門コード	部門名
1	総務
2	営業
3	開発

問題2(レベル：ふつう)

「取引先」テーブルと「業種」テーブルより、「業種名」が“情報通信業”の「取引先」を取得するSQLを作成してください。ただし、「業種」テーブルをFROM句で使うことを禁じます。

「業種」テーブルをサブクエリで利用する

取引先テーブル

取引先コード	取引先名	業種コード
1	北海道製作所	1
2	青森観光	2
3	岩手通信	3
4	宮城開発	3
5	秋田商事	5
6	山形電機	NULL

ヒント

WHERE句で、サブクエリーを使って、業種コードで抽出してください。

↑サブクエリー

業種テーブル

業種コード	業種名
1	製造業
2	観光業
3	情報通信業
4	小売業

求めたい結果

取引先コード	取引先名	業種コード
3	岩手通信	3
4	宮城開発	3

サブクエリーを利用する

問題1の解説（レベル：ふつう）

他のテーブルの値を参照する際に、テーブルの結合を使うのではなく、取得する項目としてサブクエリーを利用するSQLの例です。SELECT句の中で、「部門コード」をキーとして「部門名」を取得するサブクエリーを書きます。SQLは次のとおりです。

```
mysql> SELECT 社員コード, 社員名, 部門コード, ( Enter
    ->              SELECT 部門名 FROM 部門 Enter
    ->              WHERE 部門コード = 社員.部門コード Enter
   ->        ) AS 部門名 Enter
    -> FROM 社員; Enter
+------------+------------+------------+--------+
| 社員コード  | 社員名      | 部門コード  | 部門名  |
+------------+------------+------------+--------+
|        101 | 青木 信玄   |          2 | 営業    |
|        102 | 川本 夏鈴   |          1 | 総務    |
|        103 | 岡田 雅宣   |          3 | 開発    |
|        104 | 坂東 理恵   |          1 | 総務    |
|        105 | 安達 更紗   |          2 | 営業    |
|        106 | 森島 春美   |          3 | 開発    |
|        107 | 五味 昌幸   |          3 | 開発    |
|        108 | 新井 琴美   |          1 | 総務    |
|        109 | 森本 昌也   |          2 | 営業    |
|        110 | 古橋 明憲   |          3 | 開発    |
+------------+------------+------------+--------+
10 rows in set (0.00 sec)
```

問題2の解説（レベル：ふつう）

サブクエリーでは「業種」テーブルから、業種名が“情報通信業”の「業種コード」を取得します。その「業種コード」をもとに、「取引先」テーブルの「業種コード」と結合します。SQLは次のとおりです。

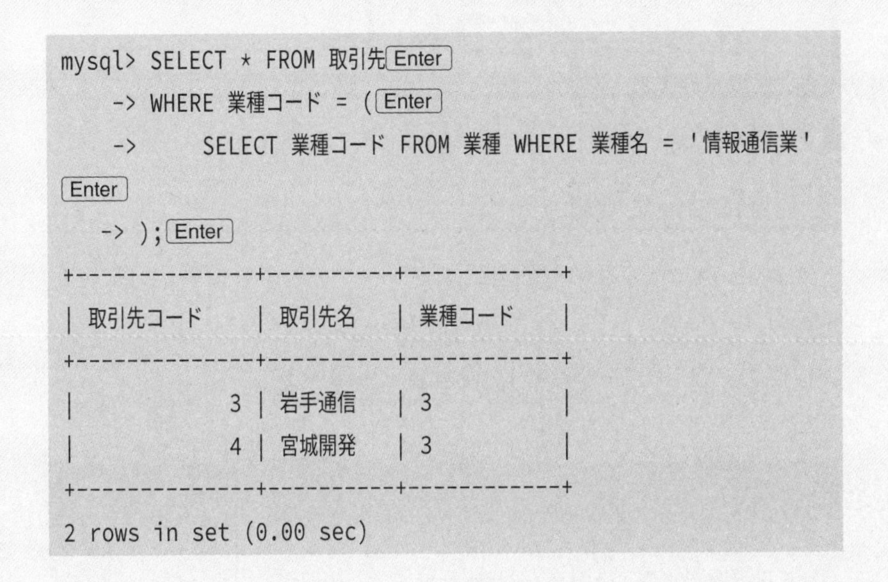

```
mysql> SELECT * FROM 取引先 Enter
    -> WHERE 業種コード = ( Enter
    ->      SELECT 業種コード FROM 業種 WHERE 業種名 = '情報通信業'
Enter
   -> ); Enter
+-------------+---------+-----------+
| 取引先コード   | 取引先名   | 業種コード   |
+-------------+---------+-----------+
|           3 | 岩手通信   | 3         |
|           4 | 宮城開発   | 3         |
+-------------+---------+-----------+
2 rows in set (0.00 sec)
```

ちなみに、サブクエリーを使わなかった場合のSQLは、次のとおりです。

```
SELECT 取引先.* FROM 取引先, 業種
WHERE 取引先.業種コード = 業種.業種コード
AND 業種名 = '情報通信業';
```

どちらを使っても、出力される結果は同じです。

Chapter 05

データの存在チェックを行うには

INについて学ぼう

INは、指定した複数の値に合致するデータを取得します。本節では、前節で学んだサブクエリーと「IN」句の使い方について、学習します。

"総務"以外の社員を取得する

社員テーブル

社員コード	社員名	性別	生年月日	血液型	部門コード	役職コード	上司社員コード
101	青木　信玄	男	1964/09/05	A	2	1	NULL
102	川本　夏鈴	女	1965/01/12	O	1	1	NULL
103	岡田　雅宣	男	1979/01/10	B	3	1	NULL
104	坂東　理恵	女	1979/07/26	O	1	2	102
105	安達　更紗	女	1979/09/13	B	2	2	101
106	森島　春美	女	1981/02/12	AB	3	3	103
107	五味　昌幸	男	1983/06/14	A	3	NULL	106
108	新井　琴美	女	1985/07/13	O	1	NULL	104
109	森本　昌也	男	1995/05/21	B	2	NULL	105
110	古橋　明憲	男	1996/01/20	O	3	NULL	106

↑サブクエリー

部門テーブル

部門コード	部門名
1	総務
2	営業
3	開発

「社員」テーブルから、「部門」テーブルにて「部門名」が“総務”以外に属する社員を求めるSQLを作成してみましょう。

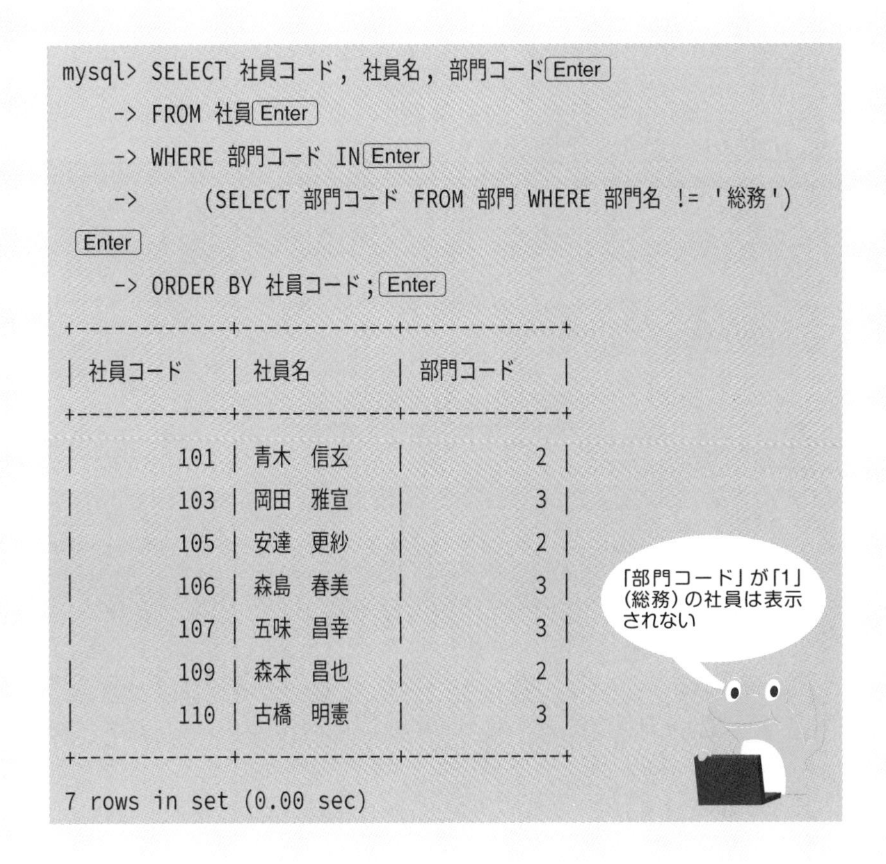

```
mysql> SELECT 社員コード, 社員名, 部門コード[Enter]
    -> FROM 社員[Enter]
    -> WHERE 部門コード IN[Enter]
    ->      (SELECT 部門コード FROM 部門 WHERE 部門名 != '総務')
[Enter]
    -> ORDER BY 社員コード;[Enter]
+------------+------------+------------+
| 社員コード | 社員名     | 部門コード |
+------------+------------+------------+
|        101 | 青木　信玄 |          2 |
|        103 | 岡田　雅宣 |          3 |
|        105 | 安達　更紗 |          2 |
|        106 | 森島　春美 |          3 |
|        107 | 五味　昌幸 |          3 |
|        109 | 森本　昌也 |          2 |
|        110 | 古橋　明憲 |          3 |
+------------+------------+------------+
7 rows in set (0.00 sec)
```


サブクエリーは複数の値を返すため、「=」を使うことはできません。このような場合、「IN」を使います。なお、「IN」の否定形は、「NOT IN」になります。「NOT IN」を使った下記のSQLでも、上記と同じ結果になります。

```
SELECT 社員コード, 社員名, 部門コード FROM 社員
WHERE 部門コード NOT IN (
```

```
  SELECT 部門コード FROM 部門 WHERE 部門名 ='総務'
)
ORDER BY 社員コード;
```

 ANYについて学ぼう

ANYは、指定したいずれかの値と一致するかどうかを検索条件とする場合に使用します。では、「ANY」を利用して、前項の「IN」と同じように、「社員」テーブルから「部門名」が"総務"以外の「部門コード」の社員を取得してみます。

"総務"以外の社員を取得する

社員テーブル

社員コード	社員名	性別	生年月日	血液型	部門コード	役職コード	上司社員コード
101	青木　信玄	男	1964/09/05	A	2	1	NULL
102	川本　夏鈴	女	1965/01/12	O	1	1	NULL
103	岡田　雅宣	男	1979/01/10	B	3	1	NULL
104	坂東　理恵	女	1979/07/26	O	1	2	102
105	安達　更紗	女	1979/09/13	B	2	2	101
106	森島　春美	女	1981/02/12	AB	3	3	103
107	五味　昌幸	男	1983/06/14	A	3	NULL	106
108	新井　琴美	女	1985/07/13	O	1	NULL	104
109	森本　昌也	男	1995/05/21	B	2	NULL	105
110	古橋　明憲	男	1996/01/20	O	3	NULL	106

↑サブクエリー

前項の「IN」を利用したSQLと、
まったく同じ結果を返すSQLを、
「ANY」を利用して作成

部門テーブル

部門コード	部門名
1	総務
2	営業
3	開発

```
mysql> SELECT 社員コード, 社員名, 部門コード[Enter]
    -> FROM 社員[Enter]
    -> WHERE 部門コード = ANY ([Enter]
    ->     SELECT 部門コード FROM 部門 WHERE 部門名 != '総務'[Enter]
    -> ) [Enter]
    -> ORDER BY 社員コード;[Enter]
+------------+-----------+------------+
| 社員コード | 社員名    | 部門コード |
+------------+-----------+------------+
|        101 | 青木 信玄 |          2 |
|        103 | 岡田 雅宣 |          3 |
|        105 | 安達 更紗 |          2 |
|        106 | 森島 春美 |          3 |
|        107 | 五味 昌幸 |          3 |
|        109 | 森本 昌也 |          2 |
|        110 | 古橋 明憲 |          3 |
+------------+-----------+------------+
7 rows in set (0.00 sec)
```

前項の「IN」と同じ結果となる

前項のSQLと比較すると、「IN」の部分が「= ANY」に置き換わっています。また、「!= ANY」を使った下記のSQLでも、上記と同じ結果になります。

```
SELECT 社員コード, 社員名, 部門コード FROM 社員[Enter]
WHERE 部門コード != ANY ([Enter]
    SELECT 部門コード FROM 部門 WHERE 部門名 = '総務'[Enter]
) [Enter]
ORDER BY 社員コード;[Enter]
```

EXISTSについて学ぼう

EXISTSは、サブクエリーの結果が存在するか確認するために使います。EXISTSを利用して、「社員」テーブルと「給与」テーブルを「社員コード」で等結合し、「給与」テーブルの「金額」が50万円より大きい社員を表示するSQLを作成してみます。

給与が50万円以上の社員を取得する

社員テーブル

社員コード	社員名	性別	生年月日	血液型	部門コード	役職コード	上司社員コード
101	青木　信玄	男	1964/09/05	A	2	1	NULL
102	川本　夏鈴	女	1965/01/12	O	1	1	NULL
103	岡田　雅宣	男	1979/01/10	B	3	1	NULL
104	坂東　理恵	女	1979/07/26	O	1	2	102
105	安達　更紗	女	1979/09/13	B	2	2	101
106	森島　春美	女	1981/02/12	AB	3	3	103
107	五味　昌幸	男	1983/06/14	A	3	NULL	106
108	新井　琴美	女	1985/07/13	O	1	NULL	104
109	森本　昌也	男	1995/05/21	B	2	NULL	105
110	古橋　明憲	男	1996/01/20	O	3	NULL	106

↑サブクエリー

給与テーブル

社員コード	金額
101	1000000
102	952000
103	702000
104	640000
105	636000
106	591000
107	404000
108	388000
109	307000
110	287000

「給与」テーブルの「金額」が50万円より大きい「社員コード」をサブクエリーで検索し、その「社員コード」と「社員」テーブルの「社員コード」と結合します。

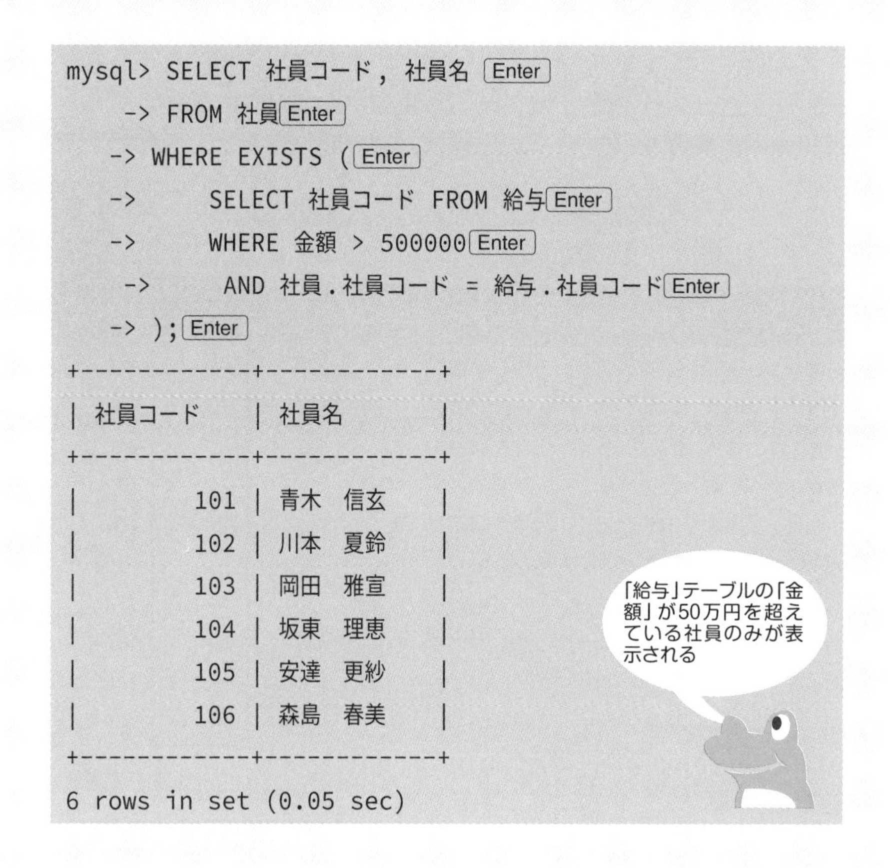

```
mysql> SELECT 社員コード, 社員名 Enter
    -> FROM 社員 Enter
   -> WHERE EXISTS ( Enter
   ->      SELECT 社員コード FROM 給与 Enter
   ->      WHERE 金額 > 500000 Enter
    ->      AND 社員.社員コード = 給与.社員コード Enter
   -> ); Enter
+------------+------------+
| 社員コード   | 社員名      |
+------------+------------+
|        101 | 青木　信玄   |
|        102 | 川本　夏鈴   |
|        103 | 岡田　雅宣   |
|        104 | 坂東　理恵   |
|        105 | 安達　更紗   |
|        106 | 森島　春美   |
+------------+------------+
6 rows in set (0.05 sec)
```


なお、「EXISTS」の否定形は「NOT EXISTS」となります。上記のSQLを「EXISTS」から「NOT EXISTS」に変更した場合、「給与」テーブルの「金額」が50万円以下の「社員コード」の「社員」データが表示されます。

データの存在チェックを行うには

問題1（レベル：ふつう）

「社員」テーブルより、「役職」テーブルの「役職名」が“部長”となっている社員データを、「IN」とサブクエリーを用いて求めるSQLを作成しなさい。なお出力する項目は、「社員コード」「社員名」「性別」「部門コード」「役職コード」とし、「社員コード」順で出力してください。

部長の役職についている社員を取得する

社員テーブル

社員コード	社員名	性別	生年月日	血液型	部門コード	役職コード	上司社員コード
101	青木　信玄	男	1964/09/05	A	2	1	NULL
102	川本　夏鈴	女	1965/01/12	O	1	1	NULL
103	岡田　雅宣	男	1979/01/10	B	3	1	NULL
104	坂東　理恵	女	1979/07/26	O	1	2	102
105	安達　更紗	女	1979/09/13	B	2	2	101
106	森島　春美	女	1981/02/12	AB	3	3	103
107	五味　昌幸	男	1983/06/14	A	3	NULL	106
108	新井　琴美	女	1985/07/13	O	1	NULL	104
109	森本　昌也	男	1995/05/21	B	2	NULL	105
110	古橋　明憲	男	1996/01/20	O	3	NULL	106

サブクエリー

役職テーブル

役職コード	役職名
1	部長
2	課長
3	係長

求めたい結果

社員コード	社員名	性別	部門コード	役職コード
101	青木　信玄	男	2	1
102	川本　夏鈴	女	1	1
103	岡田　雅宣	男	3	1

問題2（レベル：むずかしい）

「社員」テーブルより、「役職」テーブルの「役職名」が“部長”以外の社員データを、「EXISTS」とサブクエリーを用いて求めるSQLを作成しなさい。なお出力する項目は、「社員コード」「社員名」「性別」「部門コード」「役職コード」とし、「社員コード」順で出力してください。

部長の役職以外の社員を取得する

社員テーブル

社員コード	社員名	性別	生年月日	血液型	部門コード	役職コード	上司社員コード
101	青木　信玄	男	1964/09/05	A	2	1	NULL
102	川本　夏鈴	女	1965/01/12	O	1	1	NULL
103	岡田　雅宣	男	1979/01/10	B	3	1	NULL
104	坂東　理恵	女	1979/07/26	O	1	2	102
105	安達　更紗	女	1979/09/13	B	2	2	101
106	森島　春美	女	1981/02/12	AB	3	3	103
107	五味　昌幸	男	1983/06/14	A	3	NULL	106
108	新井　琴美	女	1985/07/13	O	1	NULL	104
109	森本　昌也	男	1995/05/21	B	2	NULL	105
110	古橋　明憲	男	1996/01/20	O	3	NULL	106

サブクエリー

役職テーブル

役職コード	役職名
1	部長
2	課長
3	係長

求めたい結果

社員コード	社員名	性別	部門コード	役職コード
104	坂東　理恵	女	1	2
105	安達　更紗	女	2	2
106	森島　春美	女	3	3
107	五味　昌幸	男	3	NULL
108	新井　琴美	女	1	NULL
109	森本　昌也	男	2	NULL
110	古橋　明憲	男	3	NULL

データの存在チェックを行うには

問題1の解説（レベル：ふつう）

まず、「IN」で使うサブクエリーにて、「役職」テーブルの「役職名」が“部長”である「役職コード」を抽出しています。SQLは次のとおりです。

```
mysql> SELECT 社員コード, 社員名, 性別, 部門コード, 役職コード Enter
    -> FROM 社員 Enter
   -> WHERE 役職コード IN ( Enter
   ->      SELECT 役職コード FROM 役職 WHERE 役職名 = '部長' Enter
   -> ) Enter
   -> ORDER BY 社員コード; Enter
+-----------+-----------+-----+-----------+-----------+
| 社員コード | 社員名     | 性別 | 部門コード | 役職コード |
+-----------+-----------+-----+-----------+-----------+
|       101 | 青木　信玄 | 男   |          2 |          1 |
|       102 | 川本　夏鈴 | 女   |          1 |          1 |
|       103 | 岡田　雅宣 | 男   |          3 |          1 |
+-----------+-----------+-----+-----------+-----------+
3 rows in set (0.03 sec)
```

「役職」テーブルから「役職名」が“部長”の「役職コード」を取得し、「社員」テーブルではそのコード以外の社員データを取得する

問題2の解説（レベル：むずかしい）

問題1と異なるのは、「EXIST」を使うことと、「役職名」が“部長”以外の社員データを取得するところです。EXISTSを使い、「役職」テーブルの「役職名」が“部長”のレコードを検索して、“部長”の「役職コード」と「社員」テーブルを「NOT EXISTS」でつなぐことで、“部長”以外の「役職コード」を持つ社員データを抽出しています。

```
mysql> SELECT 社員コード, 社員名, 性別, 部門コード, 役職コード[Enter]
    -> FROM 社員[Enter]
   -> WHERE NOT EXISTS ([Enter]
    ->      SELECT 役職コード FROM 役職[Enter]
   ->      WHERE 役職名 = '部長'[Enter]
    ->      AND 社員.役職コード = 役職.役職コード[Enter]
   => ) [Enter]
    -> ORDER BY 社員コード;[Enter]
+-----------+-----------+------+-----------+-----------+
| 社員コード  | 社員名      | 性別  | 部門コード  | 役職コード  |
+-----------+-----------+------+-----------+-----------+
|       104 | 坂東　理恵  | 女   |          1 |          2 |
|       105 | 安達　更紗  | 女   |          2 |          2 |
|       106 | 森島　春美  | 女   |          3 |          3 |
|       107 | 五味　昌幸  | 男   |          3 |       NULL |
|       108 | 新井　琴美  | 女   |          1 |       NULL |
|       109 | 森本　昌也  | 男   |          2 |       NULL |
|       110 | 古橋　明憲  | 男   |          3 |       NULL |
+-----------+-----------+------+-----------+-----------+
7 rows in set (0.02 sec)
```

問題1とは違い、“部長”以外の社員データを抽出する

Chapter 05

1つのSQLで同じテーブルを結合する

自己結合とは

今まで本書で説明してきたテーブルどうしの結合については、異なるテーブルを結合していました。これに対し、**自己結合**とは、同じテーブルどうしを結合することです。

「社員」テーブルから、同じ「社員」テーブルにある上司の名前（社員名）を取得するSQLを確認してみましょう。結合するキーとなるのは、「社員」テーブルの「社員コード」と、同じく「社員」テーブルの「上司社員コード」です。

「上司社員コード」より上司を取得する

社員テーブル（A）

社員コード	社員名	上司社員コード
101	青木　信玄	NULL
102	川本　夏鈴	NULL
103	岡田　雅宣	NULL
104	坂東　理恵	102
105	安達　更紗	101
106	森島　春美	103
107	五味　昌幸	106
108	新井　琴美	104
109	森本　昌也	105
110	古橋　明憲	106

社員テーブル（B）

社員コード	社員名（上司氏名）
101	青木　信玄
102	川本　夏鈴
103	岡田　雅宣
104	坂東　理恵
105	安達　更紗
106	森島　春美
107	五味　昌幸
108	新井　琴美
109	森本　昌也
110	古橋　明憲

SQLは、次のようになります。

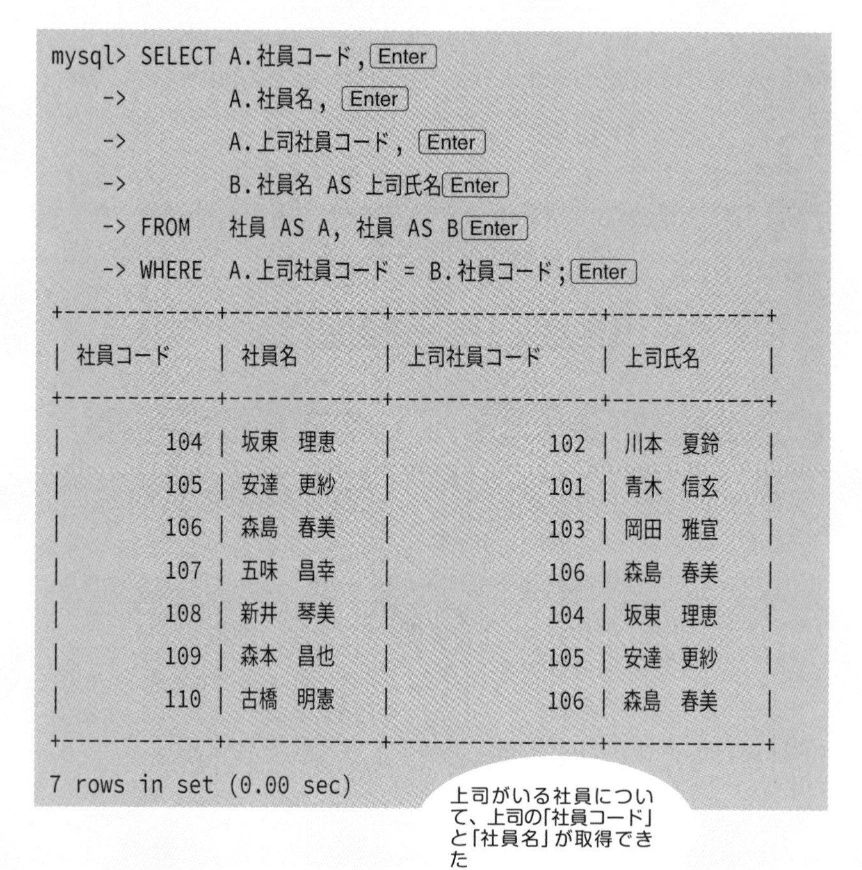

```
mysql> SELECT A.社員コード, Enter
    ->        A.社員名, Enter
    ->        A.上司社員コード, Enter
    ->        B.社員名 AS 上司氏名 Enter
    -> FROM   社員 AS A, 社員 AS B Enter
    -> WHERE  A.上司社員コード = B.社員コード; Enter
+------------+------------+----------------+------------+
| 社員コード | 社員名     | 上司社員コード | 上司氏名   |
+------------+------------+----------------+------------+
|        104 | 坂東　理恵 |            102 | 川本　夏鈴 |
|        105 | 安達　更紗 |            101 | 青木　信玄 |
|        106 | 森島　春美 |            103 | 岡田　雅宣 |
|        107 | 五味　昌幸 |            106 | 森島　春美 |
|        108 | 新井　琴美 |            104 | 坂東　理恵 |
|        109 | 森本　昌也 |            105 | 安達　更紗 |
|        110 | 古橋　明憲 |            106 | 森島　春美 |
+------------+------------+----------------+------------+
7 rows in set (0.00 sec)
```

2つのテーブルはどちらも同じ「社員」テーブルのため、区別がつくように、テーブルに別名を付けています。基礎となる「社員」テーブルを“A”、上司を取得するための「社員」テーブルを“B”としています。「社員」テーブル(A)の「上司社員コード」と「社員」テーブル(B)の「社員コード」を結合し、上司の「社員名」を取得します。

自己結合と相関サブクエリー

相関サブクエリーとは、メインクエリーの値をサブクエリー内で使用するサブクエリーです。サブクエリー内のWHERE句に、メインクエリーの値を使います。

自己結合と相関サブクエリーの例として、「社員」テーブルから、「社員コード」、「社員名」、「血液型」、および、血液型毎の合計人数を取得するSQLを作成してみます。

血液型ごとの社員数を取得する

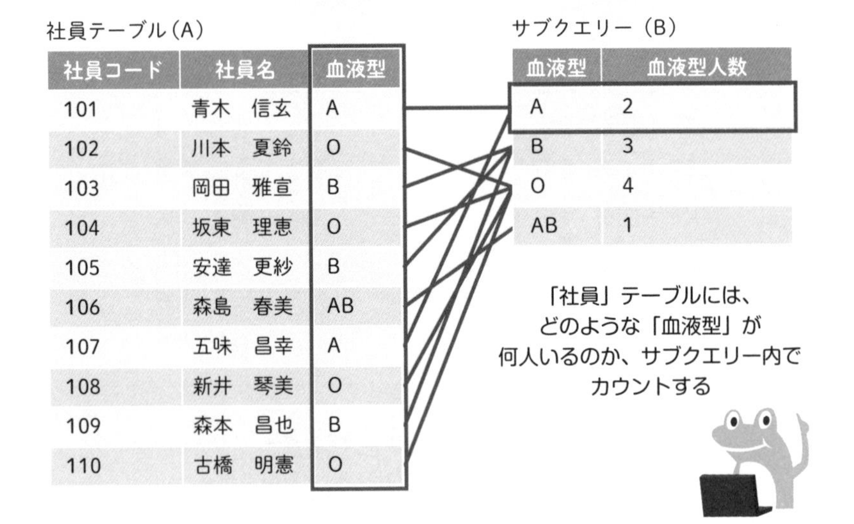

社員テーブル（A）

社員コード	社員名	血液型
101	青木　信玄	A
102	川本　夏鈴	O
103	岡田　雅宣	B
104	坂東　理恵	O
105	安達　更紗	B
106	森島　春美	AB
107	五味　昌幸	A
108	新井　琴美	O
109	森本　昌也	B
110	古橋　明憲	O

サブクエリー（B）

血液型	血液型人数
A	2
B	3
O	4
AB	1

SQLは、次のようになります。

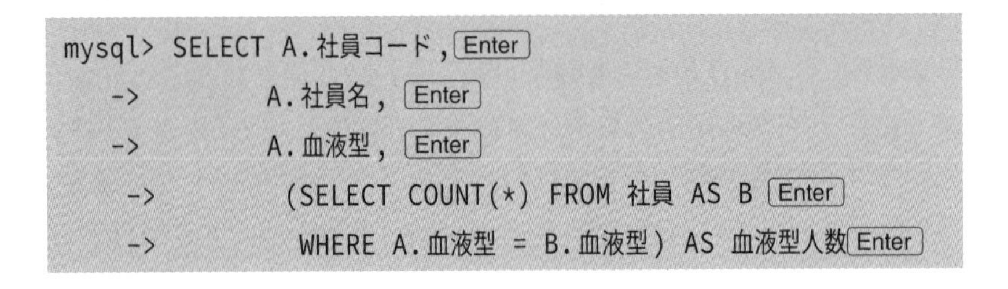

```
mysql> SELECT A.社員コード, Enter
    ->         A.社員名, Enter
    ->         A.血液型, Enter
    ->          (SELECT COUNT(*) FROM 社員 AS B Enter
    ->           WHERE A.血液型 = B.血液型) AS 血液型人数 Enter
```

```
    -> FROM 社員 A; Enter
+------------+------------+--------+------------+
| 社員コード | 社員名     | 血液型 | 血液型人数 |
+------------+------------+--------+------------+
|        101 | 青木　信玄 | A      |          2 |
|        102 | 川本　夏鈴 | O      |          4 |
|        103 | 岡田　雅宣 | B      |          3 |
|        104 | 坂東　理恵 | O      |          4 |
|        105 | 安達　更紗 | B      |          3 |
|        106 | 森島　春美 | AB     |          1 |
|        107 | 五味　昌幸 | A      |          2 |
|        108 | 新井　琴美 | O      |          4 |
|        109 | 森本　昌也 | B      |          3 |
|        110 | 古橋　明憲 | O      |          4 |
+------------+------------+--------+------------+
10 rows in set (0.00 sec)
```

「社員」テーブルのレコードごとに、その都度、同じ血液型を持つ社員の数をカウントしている

「社員コード」「社員名」「血液型」はメインクエリーから値を取得し、血液型ごとの人数は、サブクエリーにて、レコードごとにその都度同じ血液型の社員をCOUNT関数でカウントしています。

その際、メインクエリーの値をサブクエリーの中で使用しており、これを相関サブクエリーといいます。

Q 1つのSQLで同じテーブルを結合する

問題1(レベル:ふつう)

「社員」テーブルから、上司の上司(2つ上の上司)がいる社員を出力するSQLを作成してください。

なお、出力する項目は、「社員コード」「社員名」、および上司(上司の氏名)、上司の上司(2つ上の上司の氏名)です。

上司の上司を取得する

社員テーブル(A)

社員コード	社員名	上司社員コード
101	青木　信玄	NULL
102	川本　夏鈴	NULL
103	岡田　雅宣	NULL
104	坂東　理恵	102
105	安達　更紗	101
106	森島　春美	103
107	五味　昌幸	106
108	新井　琴美	104
109	森本　昌也	105
110	古橋　明憲	106

社員テーブル(B)

社員コード	社員名(上司)	上司社員コード
101	青木　信玄	NULL
102	川本　夏鈴	NULL
103	岡田　雅宣	NULL
104	坂東　理恵	102
105	安達　更紗	101
106	森島　春美	103
107	五味　昌幸	106
108	新井　琴美	104
109	森本　昌也	105
110	古橋　明憲	106

社員テーブル(C)

社員コード	社員名(上司の上司)
101	青木　信玄
102	川本　夏鈴
103	岡田　雅宣
104	坂東　理恵
105	安達　更紗
106	森島　春美
107	五味　昌幸
108	新井　琴美
109	森本　昌也
110	古橋　明憲

求めたい結果

社員コード	社員名	上司	上司の上司
107	五味　昌幸	森島　春美	岡田　雅宣
108	新井　琴美	坂東　理恵	川本　夏鈴
109	森本　昌也	安達　更紗	青木　信玄
110	古橋　明憲	森島　春美	岡田　雅宣

ヒント

「社員」テーブルを3つ結合します。

「上司の上司」とは、「上司コード」で結合したサブクエリーのレコードの「上司コード」です。

問題2(レベル：むずかしい)

「社員」テーブルから、各部門の人数を求めて、各社員が所属する部署の人数を出力するSQLを作成してください。

なお、出力する項目は「社員コード」「社員名」「部門コード」、および部門ごとの人数です。

部門ごとの社員の件数を取得する

社員テーブル（A）

社員コード	社員名	部門コード
101	青木　信玄	2
102	川本　夏鈴	1
103	岡田　雅宣	3
104	坂東　理恵	1
105	安達　更紗	2
106	森島　春美	3
107	五味　昌幸	3
108	新井　琴美	1
109	森本　昌也	2
110	古橋　明憲	3

サブクエリー（B）

部門コード	人数
1	3
2	3
3	4

求めたい結果

社員コード	社員名	部門コード	人数
101	青木　信玄	2	3
102	川本　夏鈴	1	3
103	岡田　雅宣	3	4
104	坂東　理恵	1	3
105	安達　更紗	2	3
106	森島　春美	3	4
107	五味　昌幸	3	4
108	新井　琴美	1	3
109	森本　昌也	2	3
110	古橋　明憲	3	4

ヒント

相関サブクエリーで、血液型ごとの合計人数を求めた際と同じ方法で求めることができます。

1つのSQLで同じテーブルを結合する

問題1の解説（レベル：ふつう）

「社員」テーブル（A）から、上司を取得する「社員」テーブル（B）に自己結合し、さらに上司の上司を取得する「社員」テーブル（C）に自己結合します。また、結合する項目は、参照元が「上司社員コード」、参照先が「社員コード」になります。SQLは次のとおりです。

```
mysql> SELECT A.社員コード, Enter
    ->        A.社員名, Enter
    ->        B.社員名 AS 上司, Enter
    ->        C.社員名 AS 上司の上司 Enter
    -> FROM   社員 AS A, 社員 AS B, 社員 AS C Enter
    -> WHERE  A.上司社員コード = B.社員コード Enter
    -> AND    B.上司社員コード = C.社員コード; Enter
+-----------+-----------+-----------+-----------+
| 社員コード | 社員名     | 上司       | 上司の上司 |
+-----------+-----------+-----------+-----------+
|       107 | 五味 昌幸  | 森島 春美  | 岡田 雅宣  |
|       108 | 新井 琴美  | 坂東 理恵  | 川本 夏鈴  |
|       109 | 森本 昌也  | 安達 更紗  | 青木 信玄  |
|       110 | 古橋 明憲  | 森島 春美  | 岡田 雅宣  |
+-----------+-----------+-----------+-----------+
4 rows in set (0.00 sec)
```

もとの社員の「上司コード」と社員の「社員コード」
→「上司」データ
上司データの「上司コード」と社員の「社員コード」
→「上司の上司」データ

問題2の解説（レベル：むずかしい）

「社員コード」「社員名」「部門コード」はメインクエリーから値を取得しています。「部門コード」ごとの合計人数はサブクエリーとして集計した値を取得しています。その際に、メインクエリーの「部門コード」をサブクエリーの中で使用しているので、相関サブクエリーになります。SQLは次のとおりです。

```
mysql> SELECT A.社員コード, Enter
    ->        A.社員名, Enter
    ->        A.部門コード, Enter
    ->        (SELECT COUNT(*) FROM 社員 AS B Enter
    ->         WHERE A.部門コード = B.部門コード) AS 人数 Enter
    -> FROM   社員 AS A; Enter
+------------+------------+------------+------+
| 社員コード | 社員名     | 部門コード | 人数 |
+------------+------------+------------+------+
|        101 | 青木　信玄 |          2 |    3 |
|        102 | 川本　夏鈴 |          1 |    3 |
|        103 | 岡田　雅宣 |          3 |    4 |
|        104 | 坂東　理恵 |          1 |    3 |
|        105 | 安達　更紗 |          2 |    3 |
|        106 | 森島　春美 |          3 |    4 |
|        107 | 五味　昌幸 |          3 |    4 |
|        108 | 新井　琴美 |          1 |    3 |
|        109 | 森本　昌也 |          2 |    3 |
|        110 | 古橋　明憲 |          3 |    4 |
+------------+------------+------------+------+
10 rows in set (0.09 sec)
```

Chapter 05

この章のまとめ

最終章となった本章は、かなり難しかったのではないでしょうか。本章では、「データをグループ化して集計する方法」「サブクエリー」「データの存在チェックの方法」「1つのSQLで同じテーブルを結合する方法」の4つについて、詳しく説明させていただきました。

どれも難易度が高く、一度読んだだけで理解するのはなかなか難しいことかと思います。

筆者は、サブクエリーを使いこなせるかどうかが、SQLの初級者から中級者への登竜門だと思っています。サブクエリーが使いこなせるようになれば、1回のSQLで取得できるデータの幅が、大きく広がります。本章で詳述しましたが、サブクエリーは、用途が幅広いのが特徴です。また、本文中では説明しませんでしたが、サブクエリーのなかにサブクエリーを埋め込むこともでき、サブクエリーを入れ子にすることも可能です。1つのクエリのなかにサブクエリーとして同じテーブルを複数回呼び出して結合することもできます。とてもややこしいですよね。

このややこしさは、パズルを解くような感覚に似ています。サブクエリーを学習することで、パズルのような問題を解く感覚で、SQLで複雑なデータ操作ができるようになるのです。

パズルが嫌いならともかく、SQLは、頭の体操としても役立つ、とても面白い言語なのです。それを本書で伝えることができたなら、これに越した喜びはありません。

おわりに

本書を著している今、全世界は新型コロナによって未曾有の危機に陥っています。

本書執筆時現在、全世界における感染者数は1億5千万人を超えました。日本の全人口が1億2千6百万人ですから、日本の全人口よりも多くの人が、新型コロナに感染したのです。

さらに、飲食業界や旅行業界など、多くの業界が売上を大きく落とし、会社が倒産して失業者が溢れ、就職も厳しい状況です。

しかし、不幸中の幸いですが、IT業界は新型コロナの影響を受けにくい業界でした。本書を読まれている方の多くは、IT業界に携わって間もない方か、もしくはIT業界への就職を希望されている方でしょう。

筆者は、IT業界に20年以上勤務していますが、IT業界で末永くやっていくためのコツとしてもっとも手っ取り早いのが、「息の長い技術を習得すること」だと思っています。その1つが、「SQL」です。

SQLは、筆者がIT業界で働き始めた20年以上前から、ずっと最前線で使われており、今でも現役のIT技術です。技術の移り変わりが激しいIT業界ですが、SQLのような息の長い技術を習得することは、これからもIT業界で働き続けようと思うのであれば、最重要課題といえます。大変な世の中ですが、SQLをしっかりと学習して、コロナ不況をも乗り越える堅実な技術を身に付けたいものです。

本書が、あなたがSQLの達人を目指すきっかけとなり、この不況を乗り切る力となれれば幸いです。

一刻も早く全国民が新型コロナワクチンを接種できることを願って。

五十嵐　貴之

索引

さ行

た行

な行

は行

ま行

や行

ら行

著者略歴

五十嵐 貴之（いからし　たかゆき）

1975 年 2 月生まれ。新潟県長岡市（旧越路町）出身。
東京情報大学経営情報学部情報学科卒。
パッケージ・ソフトウェアの開発を 18 年（会計・自動車登録等）。
証券会社にて社内システムの開発を 3 年。
2019 年より東京情報大学校友会信越ブロック支部長に就任。

芳賀 勝紀（はが　かつのり）

1972 年 2 月生まれ。福島県白河市（旧大信村）出身。
東京情報大学経営情報学部情報学科卒。
大学入学後、プログラミング言語を初めて学ぶ。
1994 年に株式会社エヌシステム（旧コープトラベル情報センター）に入社し、
Windows 系のシステムを中心に開発。
また Windows や Linux などのサーバ構築、ネットワーク構築を手掛ける。
2016 年より東京情報大学校友会理事、2018 年より副会長に就任。
趣味は野球観戦、家庭菜園（農業）。

カバーイラスト　mammoth.

図解！　SQLの
ツボとコツがゼッタイにわかる本

発行日　2021年　8月10日　第1版第1刷

著　者　五十嵐　貴之／芳賀　勝紀

発行者　斉藤　和邦
発行所　株式会社　秀和システム
〒135-0016
東京都江東区東陽2-4-2　新宮ビル2F
Tel 03-6264-3105（販売）　Fax 03-6264-3094
印刷所　三松堂印刷株式会社

ISBN978-4-7980-6455-0 C3055

定価はカバーに表示してあります。
乱丁本・落丁本はお取りかえいたします。
本書に関するご質問については、ご質問の内容と住所、氏名、電話番号を明記のうえ、当社編集部宛FAXまたは書面にてお送りください。お電話によるご質問は受け付けておりませんのであらかじめご了承ください。